中国科协创新战略研究院智库成果系列丛书·报告系列

科协智库　服务决策

——中国科协创新战略研究院决策咨询专报选编

（第一辑）

任福君　主编

中国科学技术出版社

·北　京·

图书在版编目（CIP）数据

科协智库　服务决策：中国科协创新战略研究院决策咨询专报选编.第一辑/任福君主编.－－北京：中国科学技术出版社，2021.9

（中国科协创新战略研究院智库成果系列丛书.报告系列）

ISBN 978-7-5046-8958-0

Ⅰ.①科⋯　Ⅱ.①任⋯　Ⅲ.①技术革新－科技政策－研究报告－中国　Ⅳ.① G322.0

中国版本图书馆 CIP 数据核字（2021）第 129328 号

策划编辑	王晓义
责任编辑	徐君慧
装帧设计	中文天地
责任校对	吕传新
责任印制	徐　飞

出　　版	中国科学技术出版社
发　　行	中国科学技术出版社有限公司发行部
地　　址	北京市海淀区中关村南大街 16 号
邮　　编	100081
发行电话	010-62173865
传　　真	010-62173081
网　　址	http://www.cspbooks.com.cn

开　　本	710mm×1000mm　1/16
字　　数	192 千字
印　　张	12
版　　次	2021 年 9 月第 1 版
印　　次	2021 年 9 月第 1 次印刷
印　　刷	北京虎彩文化传播有限公司
书　　号	ISBN 978-7-5046-8958-0 / G·899
定　　价	68.00 元

中国科协创新战略研究院智库成果系列丛书编委会

中国科协创新战略研究院决策咨询专报选编丛书编委会

编委会主任 任福君

编委会副主任 赵立新　周大亚　阮　草

编委会成员 施云燕　张　丽　刘　萱　杨志宏　石　磊　邓大胜
　　　　　　　张丽琴　武　虹

本书编委会

主　　　编 任福君

副　主　编 施云燕　王寅秋

编辑组成员 刘伊琳　刘敬恺　齐海伶　杜　影　李金雨　钟红静
　　　　　　　高　洁　黄诗愉　曹启媛　梁　帅　薛双静

总　序

2013 年 4 月，习近平总书记首次提出建设"中国特色新型智库"的指示。2015 年 1 月，中共中央办公厅、国务院办公厅印发了《关于加强中国特色新型智库建设的意见》，成为中国智库的第一份发展纲领。党的十九大报告更加明确指出要"加强中国特色新型智库建设"，进一步为新时代我国决策咨询工作指明了方向和目标。当今世界正面临百年未有之大变局，我国正处于并将长期处于复杂、激烈和深度的国际竞争环境之中，这都对建设国家高端智库并提供高质量咨询报告，支撑党和国家科学决策提出了新的更高的要求。

建设高水平科技创新智库，强化对全社会提供公共战略信息产品的能力，为党和国家科学决策提供支撑，是推进国家创新治理体系和治理能力现代化的迫切需要，也是科协组织服务国家发展的重要战略任务。中共中央办公厅、国务院办公厅印发的《关于加强中国特色新型智库建设的意见》，要求中国科协在国家科技战略、规划、布局、政策等方面发挥支撑作用，努力成为创新引领、国家倚重、社会信任、国际知名的高端科技智库，明确了科协组织在中国特色新型智库建设中的战略定位和发展目标，为中国科协建设高水平科技创新智库指明了发展目标和任务。

科协系统智库相较于其他智库具有自身的特点和优势。其一，科协智库能够充分依托系统的组织优势。科协组织涵盖了全国学会、地方科学技术协会、学会及基层组织，网络体系纵横交错、覆盖面广，这是科协智库建设所特有的组织优势，有利于开展全国性的、跨领域的调查、咨询、评估工作。其二，科协智库拥有广泛的专业人才优势。中国科协业务上管理210多个全国学会，涉及理科、工科、农科、医科和交叉学科的专业性学会、协会和研究会，覆盖绝大部分自然科学、工程技术领域和部分综合交叉学科及相应领域的人才，在开展相关研究时可以快速精准地调动相关专业人才参与，有效支撑决策。其三，科协智库具有独立第三方的独特优势。作为中国科技工作者的群团组织，科协不是政府行政部门，也不受政府部门的行政制约，能够充分发挥自身联系广泛、地位超脱的特点，可以动员组织全国各行业各领域广大科技工作者，紧紧围绕党和政府中心工作，深入调查研究，不受干扰独立开展客观评估和建言献策。

中国科协创新战略研究院（以下简称"创新院"）是中国科协专门从事综合性政策分析、调查统计以及科技咨询的研究机构，是中国科协智库建设的核心载体，始终把重大战略问题、改革发展稳定中的热点问题、关系科技工作者切身利益的问题等党和国家所关注的重大问题作为选题的主要方向，重点聚焦科技人才、科技创新、科学文化等领域开展相关研究，切实推出了一系列特色鲜明、国内一流的智库成果，其中完成《国家科技中长期发展规划纲要》评估，开展"双创"和"全创改"政策研究，服务中国科协"科创中国"行动，有力支撑科技强国建设；实施老科学家学术成长资料采集工程，深刻剖析科学文化，研判我国学术环境发展状况，有效引导科技界形成良好生态；调查反映科技工作者状况诉求，摸清我国科技人才分布结构，探索科技人才成长规律，为促进人才发展政策的制定提供依据。

为了提升创新院智库研究的决策影响力、学术影响力、社会影响力，经学术委员会推荐，我们每年遴选一部分优秀成果出版，以期对党和国家决策及社会舆论、学术研究产生积极影响。

呈现在读者面前的这套《中国科协创新战略研究院智库成果系列丛书》，是创新院近年来充分发挥人才智力和科研网络优势所形成的有影响力的系列研究成果，也是中国科协高水平科技创新智库建设所推出的重要品牌之一，既包括对决策咨询的理论性构建、对典型案例的实证性分析，也包括对决策咨询的方法性探索，既包括对国际大势的研判、对国家政策布局的分析，也包括对科协系统自身的思考，涵盖创新创业、科技人才、科技社团、科学文化、调查统计等多个维度，充分体现了创新院在支撑党和政府科学决策过程中的努力和成绩。

衷心希望本系列丛书能够对科协组织更好地发挥党和政府与广大科技工作者的桥梁纽带作用，真正实现为科技工作者服务、为创新驱动发展服务、为提高全民科学素质服务、为党和政府科学决策服务，有所启示。

前　言

随着我国决策咨询机制不断完善，党和政府对从事决策咨询工作的各类型智库重视程度不断提升，智库在决策咨询体系中的地位也越来越重要。习近平总书记多次对智库建设作出重要批示，指出智库是国家软实力的重要组成部分，要高度重视、积极探索中国特色新型智库的组织形式和管理方式。中国科学技术协会（简称"中国科协"）作为科技工作者的群众组织，理应按国家部署努力建设高水平科技创新智库。

中国科协深入贯彻习近平总书记系列重要讲话精神，认真落实党中央关于科协系统智库建设的各项部署，充分发挥科协系统"一体两翼"的组织优势，整合资源组建了中国科协创新战略研究院（简称"创新院"）。创新院主要承担科技政策、科技发展、创新文化和科技人物研究，不断创新决策咨询理论方法，开展重大政策评估，积极打造科技数据和资源平台，支撑服务中国科协的国家高端科技智库和科协系统智库网络建设，努力在资政建言、理论创新、舆论引导、科技外交中展示自身作为科协系统智库主要载体的独特功能。创新院成立后，以国家重大创新战略评估为根本，以承担国务院和相关部委委托的重大任务为突破口，开展一系列重大研究和重点工作，取得了显著成绩，得到党和国家领导、有关部委和社会各界的高度认可。

为了充分展示近年来创新院支撑国家重大政策制定等方面的重要成果，我们汇编出版了《科协智库　服务决策——中国科协创新战略研究院决策咨询专报选编（第一辑）》，该书优选收录了2017—2019年近30篇创新院报送的有决策影响力的研究专报，内容涵盖创新创业、科技人才、科研环境及产业发展四大领域。这些成果紧扣我国科技、经济和社会发展重点热点前沿问题，内容丰富新颖，结论科学可信，充分体现了创新院决策咨询研究的前瞻性、独创性、科学性和富理性。

衷心希望本书的出版对于推动科技智库支撑引领社会经济发展以及提升公共决策的科学性、有效性能有所助益，同时对强化创新院智库乃至科协系统智库的社会影响力和公众影响力有所裨益。

任福君

2021 年 6 月

目 录
CONTENTS

第一篇

创新创业领域

客观看待我国创新能力的国际排名

——基于"全球创新指数"的评价标准与分析

2006 年，中央提出"提高自主创新能力，建设创新型国家"的重大决策。2012 年，党的十八大将创新驱动发展作为国家发展战略之一，创新在国家经济社会发展全局中的地位和作用越来越重要。近 10 年来，我国总体创新水平是否有所提升，我国的创新能力在国际上的位置如何，这些问题一直是社会各界关注的焦点。2016 年 8 月 15 日，由世界知识产权组织、美国康奈尔大学和英士国际商学院在瑞士日内瓦联合发布了《全球创新指数 2016》。在该次报告中，中国列世界最具创新力经济体第 25 位，成为"全球创新指数报告"发布以来第一个跻身 25 强的中等收入经济体，也是我国在具有较大国际影响力的指数排名中的一次突破性进展。

"全球创新指数"（Global Innovation Index，GII）是国际上评价经济体创新能力的最全面的核心指数之一，最早由英士国际商学院（INSEAD）于 2007 年启动研究，每 1 ~ 2 年对外测算发布一次。该指数自 2013 年起，由世界知识产权组织（WIPO）、英士国际商学院和康奈尔大学（Cornell University）共同发布，至 2016 年已经发布了 9 版报告。指标体系由创新投入和创新产出两大模块组成。两大模块由 7 项一级指标、21 项二级指标和 82 项基础指标构成。评价对象包括全球 128 个经济体，覆盖了世界人口的 92.8%，占世界国内生产总值的 97.9%。

一、我国历年全球创新指数总排名在波动中有所提升，创新产出和创新效率比的排名表现相对更优

一是历年总排名波动中有所提升。2007—2016 年，中国总排名的最低名次为 43 名（2009—2010 年），最高名次为 25 名（2016 年）。在创新投入模块方面，历年的创新投入次级指数自 2012 年开始逐年提升，从第 55 名提升至第 29 名。2007—2016 年的最低排名出现在 2009—2010 年度，名次较为靠后（67 名）。但是，中国历年创新投入指数排名始终低于创新指数总排名。5 个一级指标中，"制度"指标历年的排名一直较低，普遍低于其他 4 个一级指标。

二是创新产出和创新效率排名始终优于总排名。在创新产出模块的排名上，中国历年的排名在第 14 名至第 31 名间波动，其中 2009—2010 年是近几年的最低名次（31 名），而最高名次出现于 2011 年（14 名），2016 年为第 15 名。这表明，无论是同等收入水平国家组还是全球范围，中国在"创新效率比"的排名上一直较有优势。在 2011 年前，全球创新指数将中国列入中低收入水平国家组，组内的排名为第 3 位，世界排名同样为第 3 位。自 2012 年起，中国被归入中高收入国家组，创新绩效指数的排名在同行列国家中始终保持着前 3 位的水平。2013 年，中国创新绩效指数的世界排名跌至第 14 位，之后的世界排名一直有所波动，其中 2016 年的世界排名是第 7 位。

三是部分优势指标排名全球领先。根据《全球创新指数 2016》的评价结果，7 个一级指标中，我国在"知识和技术产出"上排名全球第 6 位，在"商业成熟度"上排名全球第 7 位；在 21 项二级指标中，我国在"教育""一般性基础设施""贸易、竞争和市场规模"等 6 个二级指标上表现优异，进入全球前 10 位；在 82 项基础指标中 10 个基础指标评价得分居首位。中国在青少年阅读、数学和科学测试评估、国内市场规模、本国人专利申请量占国内生产总值（以购买力平价计算）的比例等 10 个指标的评价得分或绝对数值在所有参评国家中位居第一，全球性公司的研发支出、资本形成总额占国内生产总值中的比重等其他 4 个指标进入全球排名前 10 位。

四是对中国评价的劣势指标主要集中在制度环境等方面。据2016年评价结果，一级指标"制度"排名第79位，是我国7个一级指标中排名最差的；排名相对靠后的二级指标有监管环境（第107位）、高等教育（第109位）和网络创意（第92位）；在82个指标中有5个指标全球排名在100位之后，共10个为相对劣势指标。在创新投入部分，遣散费用带薪周数、创业便利性、每单位能耗的国内生产总值产出、保护中小投资者的容易程度、人口中维基百科每月编辑次数5个指标排名在100名之后；纳税便利性、高等教育入境留学生占比等指标排名在70位之后。其中，根据GII的相对劣势百分比排名，小额信贷总量占国内生产总值比重和文化与创意服务出口在贸易总额中的占比两个指标虽然绝对排名并非最靠后的，但也属于我国的相对劣势指标。可见，文化软实力输出、生态环境和市场制度环境是拉低中国总体创新竞争力的主要因素。

二、全球创新格局呈多元化态势，中国地位更加瞩目

一是创新排名位居前列的高收入经济体呈多元化特点。2016年全球创新指数排名整体稳定，排名前10位的国家均为高收入经济体，根据总得分由高至低依次为瑞士、瑞典、英国、美国、芬兰、新加坡、爱尔兰、丹麦、荷兰和德国。其中，德国取代卢森堡成为2016年排名前10位中的新晋成员。2016年排名前25位的经济体包括欧洲的英国、德国等，北美洲的美国、加拿大，东亚的日本、中国，东南亚的新加坡，西亚的以色列以及大洋洲的澳大利亚等。全球绝大部分创新活动集中在高收入经济体和几大新兴经济体。

二是我国与高收入经济体的创新投入和产出的差距正在缩小。我国近年来正在缩小与高收入经济体的得分差距。2012年，中国全球创新指数列全球第34位，与排位第一的瑞士（68.2分）相差22.8分；2016年，中国全球创新指数得分为50.57，与排位第一的瑞士相差15.71分。在5个金砖国家中，只有我国明显地缩小了与创新领先的高收入国家在研发支出和其他创新投入产出方面的差距，而且是唯一一个创新效率排名进入全球前10的中高收入经济体。

三是中国领跑金砖国家的创新能力。金砖国家在全球创新指数中整体排名处于全球中上游的位置，中国在其中处于领跑位置。5 个金砖国家中，2016 年，俄罗斯排名第 43 位，南非排名第 54 位，印度排名第 66 位，巴西排名第 69 位。与中国类似，其他金砖国家 2016 年的总排名也比 2015 年有不同程度的进步。其中，印度从 2015 年的第 81 位提升到 2016 年的第 66 位，并在"市场成熟度"等一级指标和"科学与工程毕业生"基础指标上表现相对抢眼。在全球创新领域形成多极的格局时，金砖国家作为新兴经济体表现相对突出。

三、影响我国在"全球创新指数"排名的原因分析

一是研发投入持续加大。2015 年，我国全社会研发经费投入总量达 14169.9 亿元，比 2014 年增加 1154.3 亿元，增长率为 8.9%；研发投入强度为 2.07%，比 2014 年提高 0.05 个百分点。按研发人员全时当量计算的人均经费支出为 37.7 万元 / 人年，比 2014 年增加 2.6 万元 /（人·年）。如果按人民币当年价格计算，我国 2015 年的研发投入总规模约是 2001 年投入规模的 14 倍。研发经费投入是创新资源投入的关键部分，十几年的持续大力投入为创新产出带来可喜成效。

二是创新的市场环境有明显改善。2016 年的报告显示，我国"市场成熟度"一级指标的国际排名已经由 2015 年的第 59 位提升至第 21 位；"商业成熟度"一级指标从 2015 年的第 31 位跃升至 2016 年的第 7 位。这两个指标对我国创新指数排名的提升贡献较大。2014 年起，国家陆续推出一系列"大众创业，万众创新"政策，利用商事制度改革等一系列政策措施，推动了政府简政放权，进一步释放市场活力，为企业创新活动的开展创造了良好的市场环境。

三是指标体系调整等计算因素的影响。全球创新指数每年都会调整部分基础指标甚至局部框架。2016 年全球创新指数替换了 1 项指标，新增了 3 项指标，中国在这 4 项指标上的表现相对领先。其中，替换指标"本国人工业品外观设计申请量占比"排名第 1 位；新增指标"全球性公司前三位平均支出"排名第 9 位，"国内市场规模"排名第 1 位，"研究人才在企业中的占比"排名第 9 位。

新采用的这4项指标促进了我国整体创新排名的进步。

四、对"全球创新指数"排名结果的评述及建议

一是客观看待排名，切忌对照指标盲目赶超。中国创新排名取得突破性进展固然可喜，但只应作为一个参考而不能完全成为导向。尽管全球创新指数系列报告创立了综合性的、可量化的指标体系，是目前国际公认比较科学、全面、综合的创新能力评价指数，对各个国家和地区的创新实践都有一定的指导意义，但是报告在指标选取、权重设计、调查数据可靠性等方面都存在有待商榷的地方。例如，指标选取上一些指标带有西方政治文化及意识形态评价标准，比如"政治稳定性""维基百科月编辑次数""优兔（YouTube）视频上传次数"等指标并不符合我国国情。另外，部分指标虽然排名靠前，但更应聚焦指标解析成就与差距，例如，报告中"青少年阅读、数学和科学测试"指标引用的是2012年的评估结果，我国排名全球第一，但根据2015年最新评估情况，我国排名下降到全球第10，而且中国"将来期望进入科学相关行业从业的学生比例"仅为16.8%，不仅低于美国的38%，也远低于该组织成员国24.5%的平均水平。因此，尽管该创新指标排名靠前，但我国对青少年科学素养和科学兴趣的培养和提升仍任重道远。

二是优化创新软环境，为创新提供更广阔的空间。过去10多年来，我国的创新产出主要得益于持续增长的创新投入驱动作用。2016年，我国的研发经费增长速度减缓，已下降至1998年以来的最低水平，高强度投入并不能长期为继。尽管全球创新指数关于制度方面的评价标准并不完全客观，但仍指出了我国在创新软环境、创新生态方面的短板。下一步还需要进一步营造有利于创新创业的制度环境，着力改善科技创新的政务环境，加大简政放权，落实创新政策的普惠性，进一步加强知识产权保护，激发科技工作者的创新创业动力与活力。

三是找准自身定位，实现创新能力更优质发展。从全球创新指数具体指标的评价结果看，我国的创新优势主要体现在研发经费投入、人力资源储备、知

识产出数量、市场规模等方面。例如，在 10 个排名第 1 的指标中，有 3 个都是专利产出的数量指标，我国的创新优势还未体现在质量与效益方面。我国目前的创新处于从"跟跑发达国家"向"并跑发达国家"转变的阶段，作为全球第二大经济体，我国的创新能力还有更大的提升空间。例如，报告评价中指出的弱势指标"单位能耗的国内生产总值产出"等，确实是我国的薄弱之处，与目前经济发展亟待转型升级的情况相符。全球创新指数指出了我国在这些指标上与领先国家的差距，接下来我们要做的是进一步推动我国创新向质量效益更好、结构布局更优、可持续发展能力更强的方向发展，实现"数量布局、质量取胜"的目标。

课题组成员：徐　婕　邓大胜　黄　辰　张明妍　刘馨阳

天津市滨海新区以创新推动高质量发展的短板与建议

受天津市滨海新区科学技术局委托，中国科协创新战略研究院开展了《天津滨海新区创新驱动实现高质量发展》的专题研究。课题组认为：滨海新区要实现高质量发展，必须紧紧抓住科技创新这个"牛鼻子"，坚持有所为有所不为的"有限主导产业原则"，培育优势产业和集群；大力促进科技成果转化，全方位培育创新能力；加快推进产城融合，集聚国内外资本、技术和人才；深度解放思想，强化创新意识。

一、滨海新区以创新推动高质量发展的紧迫形势

一是全面开放新格局下滨海新区作为北方对外开放门户的优势地位逐渐下降。新区成立之初，在发展外向型经济方面具有众多优势，但随着中央"推动形成全面开放新格局"重大战略部署的实施，特别是中央提出以"一带一路"建设为重点，形成陆海内外联动、东西双向互济的开放格局之后，中西部地区逐步从开放末梢走向开放前沿，与东部沿海地区共享新一轮高水平对外开放红利，滨海新区的比较优势随之减退。2017年，滨海新区外贸进出口总额增长12.5%，不仅低于部分东部沿海城市的增长率，也低于全国14.2%的平均水平。同时，在我国贸易发展模式由"大进大出"转型为"优进优出"的背景下，滨海新区进出口质量的提升也面临较大压力。

二是日益激烈的竞争环境使滨海新区创新高地地位受到严峻挑战。2008年金融危机以来，尤其是在创新驱动发展战略的指引下，全国各地掀起了对创新资源、创新人才争夺的热潮，许多城市争做"区域创新中心"。北京市、上海

市、深圳市等城市紧抓历史机遇，较早布局科技创新中心建设，陆续启动具有全球影响力的科技创新中心（上海市）、全国科技创新中心（北京市）等建设工作。与此同时，近年来，四川省成都市、湖北省武汉市争建综合性国家科学中心，浙江省杭州市、陕西省西安市和安徽省合肥市等城市致力于打造区域创新中心，积极抢占未来创新高地。在这一过程中，滨海新区作为研发转化基地的相对优势逐渐弱化，目前已经被江苏省的苏州工业园区超越。

三是制造业全球格局重构及国内区域性转移对滨海新区制造业发展形成多重挤压。当前，全球制造业格局面临重大调整，我国同时面对发达国家"高端制造回流"与发展中国家"中低端制造分流"的双向挤压。由于滨海新区整体工业体系的外资成分较高，依赖外资现象较为严重。随着当地跨国资本撤离或者将工厂迁至其他新兴国家，滨海新区过去通过承接国外制造业转移获得大规模生产优势并由此实现经济发展的模式难以为继。与此同时，随着我国区域协调发展战略深入实施，东部沿海地区的中低端制造业将逐步向中西部地区转移，而滨海新区制造业发展也将由此面临国内"中低端分流"的压力。

四是复杂多变的国际经济形势对滨海新区外向型经济发展带来较大风险与挑战。依托世界发达经济体的强劲需求市场带动是我国外向型经济传统发展模式。因此，国际形势，特别是发达国家发展态势将对我国外向型经济产生重要影响。自2008年全球金融危机爆发以来，全球经济复苏乏力，以英国脱欧、特朗普任美国总统等一系列标志性国际政治事件为代表的保护主义、"逆全球化"等明显抬头，发达国家以中美贸易摩擦为起点发起新一轮全面制裁和封锁。上述种种世界经济发展的不稳定性因素都将对滨海新区外向型经济发展带来极大的风险和挑战。

二、滨海新区以创新促进高质量发展存在的突出短板

一是创新体系不够健全，科技创新支撑产业发展的力度有限。调研发现，滨海新区高等院校和科研院所严重不足，科技成果转化的中介服务体系不够完善，产学研结合不够紧密，创新主体之间的创新合作和产业化互动机制不

够理想，创新体系亟待完善，科技成果转化效果不够理想。2017年，万人发明专利拥有量滨海新区为26.24件，约为深圳市的1/3（88.8件）、上海市浦东新区的一半（56.0件）或苏州市的80%（46.0件）。技术合同交易额滨海新区2017年为185.96亿元，而深圳市2016年就已经接近4000亿元，上海市浦东新区2016年为822.86亿元。与此同时，滨海新区存在研发和市场两端在外的问题，外向型企业留在当地的多是低端加工贸易，部分国内新型科技企业（诸如滴滴、摩拜等）区域中心设在滨海新区而研发中心却留在北京市，因而对当地产业发展的拉动作用较为有限。此外，与先进城市相比，滨海新区对行业有重要影响的产业关键共性技术创新平台相对缺失，关键共性技术供给不足。

二是高新技术产业发展不足，产业体系有待优化。滨海新区产业结构存在制造业大而不强、生产性服务业发展滞后、新兴产业占比较低等问题。2017年，滨海新区重化工业比重超过40%，而高端装备等先进制造业发展不足；战略性新兴产业占工业总产值的比重仅为27.1%，与上海市浦东新区（超过1/3）、北京市中关村科技园（71.6%）、深圳市（40.9%）等相比仍有较大差距；第三产业占国内生产总值比重不足50%，低于全国平均水平，且以交通仓储、商贸、餐饮等传统服务业为主，知识、人才密集型的服务业比重不足。此外，京津冀三地在专用设备制造业、金属制品业、电气机械和器材制造业、医药制造业等领域存在较为严重的产业同质化问题，在高精尖产业发展中存在一定的竞争关系，阻碍了滨海新区利用京津冀协同发展优化当地产业空间的布局。

三是企业的创新能力不强，当地创新创业的活跃度不高。现阶段，国有企业在滨海新区发展中占据着主导位置，民营企业规模小、实力弱，呈现国有企业为主体、民营企业"小而散"的企业格局。虽然2016年民营企业数量是国有及国有控股企业的10倍，但是在企业发展实力上，民营企业的平均资本仅为国有及国有控股企业的13.39%，并且滨海新区的民营企业在纳税额、营业收入、利润总额等方面均与国有企业存在较大差距。在研发投入方面，2016年国有及国有控股大中型工业企业研究与试验发展（R&D）支出占规模以上工业企业 R&D 支出的比重达 84%，外资企业、民营企业占比很小。总体上看，国有企业创新投入的动力不足，承担创新风险的意愿不高。民营企业的研发投入能力有限，三资企业研发投入经费严重不足。更是缺少诸如阿里巴巴集团、小米科技有限责任公司、华为技术有限公司（简称"华为公司"）和深圳市腾讯计算机系统有限公司等具有影响力的品牌企业和拳头产品，甚至部分当地孵化成功的企业也搬至北京市、上海市等发达地区继续发展。滨海新区"不合理"的企业格局，加上当地居民普遍求稳的保守心态，当地创新创业文化培育不足，使得企业创新活力不足，创新能力薄弱。

四是产城融合程度不高，引才、用才效果不理想。城市化建设落后于产业化发展是制约滨海新区高质量发展的一个突出短板。由于教育、医疗等生活配套设施滞后，且工资、福利等方面也没有明显优势，滨海新区在吸引和留住人才方面困难重重，面临创新人才短缺的突出问题。高层次领军人才密度明显偏低，虽然滨海新区 2017 年拥有院士工作站 61 个，相较多于深圳市（41 个）、上海市浦东新区（2015 年 19 个）及苏州市（51 个），但实际全职在新区工作的院士仅 1 人，与深圳市（29 人）、上海市浦东新区（90 人）及苏州市（仅苏州大学拥有全职院士 7 人）差距较大。一些本地培养的青年人才以滨海新区为"跳板"，成长之后前往北京市等具有良好生活配套的地区。此外，滨海新区在人才引进过程中存在一定的"盲目性"，忽视了人才与本地产业的对接性，一定程度上降低了人才的效用。

五是创新政策实施存在"不精、不准、不实"问题，创新政策效果大打折扣。调研发现，滨海新区政府经费直补企业现象比较普遍，但并未对经费使用过程及效益等进行必要的约束，存在"政府拿钱买企业"的乱象。投入大量资金却未获得实质性的收益，甚至有部分企业将优惠政策演变为"谋利"的手段，如美团、陌陌等企业为了享受税收优惠在中新天津生态城注册，但是技术、人才却并未留在滨海新区。此外，滨海新区对创新政策的宣传力度不够、落实效果不好，如部分企业特别是小型民营企业对于鼓励研发的加计扣除优惠政策知之甚少，对申报税收减免有所顾虑，企业未能充分受益。2017 年针对民营企业的调查显示，超过 1/3 的民营企业认为政策针对性、可操作性不强，

35.5% 的企业认为部门间相互推诿、协作机制差也是导致政策落实不够到位的主要原因。

三、滨海新区依靠创新推动高质量发展的措施建议

一是坚持"有限主导产业原则"，最大限度夯实优势产业集群。坚决杜绝发展高技术产业的低端产业链，尽可能避免仅有生产制造投资、没有研发平台和研发组织建设的项目引进。在传统优势产业和战略性新兴产业中确定一批龙头、优势企业进行重点培育。将政策、土地等资源向航空航天、生物医药、新能源、新材料等新兴产业及具有内生优势的产业集中。着力在产业和企业层面形成集聚效应，不断完善产业链、创新链和生态链。积极培育新型科研院所，鼓励通过整合科研、产业、资本等要素，加强与周边区域产业链协作和创新链联动发展。依托龙头企业力量，率先在重点产业领域把原始创新主体、科技成果转化中介、风险投资机构、小试中试基地、产业化基地等各类载体和创新主体联系起来，构建功能齐全、体系完整、协作紧密的创新网络。

二是坚持全方位培育创新能力，打通科技成果转化全链条。积极建立新型的公共研发机构，完善创新经费、人事、运作等机制，为产业应用技术开发提供支撑。整合完善现有技术转移机构，建设高效、务实的技术转移中心，建成促进创新成果转移和转化的综合性科技服务公共平台。支持鼓励企业与研究组织（高校和科研院所等）通过联合开展关键共性技术攻关、共同实施完成课题项目、联合组建研发机构等形式建立产学研战略合作关系，打通从源头创新、技术研发到产业转移转化推广等科技成果转化全通道。

三是坚持深入推进产城融合，加快吸引"集聚国内外高层次"高水平领军人才。一方面，滨海新区要充分挖掘国家自主创新示范区、自贸试验区、全面创新改革试验区等政策资源，更要充分利用津京冀协同发展、沿海等地域政策优势，针对具有良好市场前景和符合滨海新区内生优势的有限主导产业，集聚国内外资本、技术和人才。尤其是在引进并留住人才方面，要立足长远加强城市建设，根据新区产业发展需要，设立行业紧缺人才目录体系，有针对、有目

的地引进高层次人才。全面解决人才的住房、出入境、医疗、子女入学、配偶安置等实际问题，努力营造适合高层次人才创新创业的发展环境。借鉴深圳、西安等城市的人才引进经验，在落户奖励、人才安居与购房补贴、科研经费资助方面提供更有竞争力的优惠政策。

四是坚持积极链接全球科创资源，加紧构筑国际国内开放合作网络。滨海新区作为京津冀三地要素交汇、产业融合、互动创新的"桥头堡"，应借助自贸区和天津港的区位优势，紧密对接国际科技发展新特征、新态势，充分利用全球高端科技创新资源，高层次引进和承接国际技术转移。协助各功能区与主导产业的国际一流科研机构、高新企业、产业园区建立联系，举办高科技产品技术博览会，促进高科技产品的进出口，带动产业全面升级。积极吸引世界500强企业和境外其他研究组织在新区设立研发机构，鼓励有条件的企业"走出去"，通过新建、并购、直接投资等方式建立海外研发机构。

五是坚持深度解放思想，全面强化创新意识。相比于江浙地带强烈的创业致富氛围和广东省珠三角地区崇商务实、勇于求变的岭南文化，滨海新区开拓创新观念不强，缺乏忧患意识。基于此，滨海新区应进一步解放思想，祛除过度"求稳"心态，牢固树立改革创新、开拓进取的积极意识，破除制约创新创业的旧有思想桎梏和观念笼子，在全社会推动形成创新创业的浓厚氛围，为创新引导高质量发展凝聚共识和积蓄力量。

课题组成员： 罗　晖　周大亚　王宏伟　施云燕　刘春平　刘向东　王寅秋
　　　　　　李　政　马　茹　马健铨　李美桂　王铁成　李　毅

破除"伪创新"滋生的制度温床
坚持高质量创新的价值认同

创新作为经济发展新动力已成为全社会的共识，但创新的实践与方法却有着某种偏离正常轨道的隐忧，甚至在一些地方和领域开始出现一定程度的泡沫化倾向。近些年来，大量科研、技术、产业、社会领域的"伪创新"充斥着市场，冲击影响了有价值的真创新。林林总总的"伪创新"现象在一定程度和不同层面上折射出扭曲的创新价值取向，亟待引起深入关注和系统解决，树立新时代创新价值标杆。

一、"伪创新"引发的负面影响

一是"伪创新"对真创新形成替代效应和挤出效应。"伪创新"是建立在损害原创者创新效益之上的，"占了创新的路，让真创新无路可走"。"伪创新"相对投入少、短平快，又采取了大肆宣传、低价策略、不正当竞争等手段，容易在创新驱动发展的重要领域形成对真创新的市场替代。造成的结果是，高价值、高含金量的创新企业难以及时获得有效的市场认可，形成"劣币驱逐良币"的现象。真正从事创新的初创企业一方面需要摆脱国际同行的实力胁迫，另一方面还要摆脱"伪创新"的不良竞争，才能在夹缝中求生存，走出一条艰难的创新创业创造之路。而"伪创新"徒有创新的外表，没有创新的实质，借助非法投机、短线套现等恶劣手段，以极低的成本盗取别人的创新思想和创新成果。被誉为"治堵神器"的"巴铁"等表面似乎极具技术含量的"创新产品"，在量产、配套、设计、施工、应用等领域并没有形成完整的产业化体系，但却对真正具有广泛应用价值的创新产品产生了替代和挤出效应，待"伪创新"泡沫破灭后，真创新未能培育发展，必将在相关战略必争之地造成领域真空和能力短板。

二是"伪创新"造成创新资源的极大浪费。国家为创新活动提供了丰富的土壤，营造了良好的生态环境，"伪创新"混杂在创新活动中，耗费了大量的人力物力财力，既浪费了社会资源，又败坏了社会风气。"重复立项"形成的多头交账、滥用经费、疏于监管等问题，导致了大量科技资源低效配置和财政资金的严重浪费。科研道德学术不端行为损伤了科技界声誉和科学家形象，"虚假立项套取资金"败坏了科研环境风气，由此严重挫伤了科技创新活动整体效能和科技工作者的积极性、主动性、创造性。

三是"伪创新"抑制了创新发展的社会活力。创新需要根基，是一项长期而艰苦的工作，需要科技工作者"板凳一坐十年冷"，做大量深入细致的研究开发工作。"伪创新"曲解了创新的本质内涵，抑制了创新的发展潜力，投机取巧的浮躁之气大行其道。华为公司"三十年磨一剑"，通过先进的技术与前瞻性的策略，在无人领航的创新前沿实现自主导航，拥有了系统突破与原始创新的国际竞争能力。如果"伪创新"之风不能有效遏制，必然会挫伤潜心致研、开拓创新者的创新创造活力，严重阻碍科技界为我国建设创新型国家和世界科技强国提供坚强支撑。

二、"伪创新"滋生蔓延的原因剖析

一是缺乏对公民科学素养的精准普及。提升公民科学素质是加强国家创新能力的重要基础。创新的想象力必须建立在科学基础之上，所有违背客观规律的创新都是"伪创新"。公众对创新的辨识能力不强，使得那些披着高科技和创新的外衣、行欺骗公众之实的"伪创新"有可乘之机。2016年年初，拥有下岗工人、业余研究者等身份的"民科"郭英森因引力波而意外蹿红，他的身份为自己赢得了草根对抗权威的印象，获得了社会公众的一定认同，但很快他所提出的理论和研究即被证明不具备科学基础。如果公众缺乏必要的科学素养和科学精神，就极易被"伪创新"所迷惑而轻易盲从。要想增强创新能力和提高创新质量，基础在于培育热爱科学、关注科技、具有较高科学素质水平的宏大公众群体。由此才能有利于培育理解和支持创新的优秀文化，努力提高个体创造、吸收知识的能力，进而使得各阶层、各群体可以共享创新发展的社会价值。

二是缺乏对高价值创新的战略研判。国家层面的繁荣源于全民对创新的普遍参与和价值认同。无论是 19 世纪的英国，还是 20 世纪的美国，在"咆哮的年代"出现的具有高价值的创新活动，都展现了创新所引发的系统性变革的巨大活力，并成为这些国家领跑时代的强大动力引擎。美国之所以成为世界头号科技强国，得益于首屈一指的科技条件、创新环境和高科技产业发展，背后则充分依赖于全面领先的国家科技创新战略、稳定持续的联邦科技资金投入机制、市场优化的创新资源配置模式、企业为本的技术创新路径选择、大学主导的知识创新发展环境、以人为本的知识产权制度安排、高度发达的创新基础设施建设。中国经济经过近 40 年的高速增长，传统的发展路径和模式已难以依赖，依靠创新需求促进经济社会持续健康发展，推动创新活动从"价值攫取"向"价值创造"的战略转型已成为新的历史性选择，并且亟待加强对高质量、高水平、高影响力和高价值含量的创新活动进行战略研判、总体部署和系统推进。

三是缺乏对"创新泡沫"的合理调控。企业与科研机构急功近利、市场营销的功利主义、基础性研究的薄弱、创新管理制度失灵等原因催生了"创新泡沫"现象，出现了做表面文章、搞形式主义的创新"泡沫化""口号化"倾向。奖章、证书、专利堆砌出的"形式创新"与社会发展和市场需求严重脱节，造成"技术繁荣"的假象。以专项资金拨付为主的创新活动扶持方式和制度安排，缺乏对创新过程的有效监督和成果验收的严格考评，很大程度上助长了"跑立项"的不良风气，催生了一大批"领导项目""权力课题"，形成了重项目包装、轻创新效能，为了资金而创新的本末倒置现象。

四是缺乏对企业创新潜能的有效激励。推动科技与经济紧密结合，着力构建以企业为主体、市场为导向、产学研相结合的技术创新体系，要求企业将创新重点放在成果转化和实现经济效益上。但由于高价值的创新往往投入时间长、成本高，对于一些企业而言，会因此在短期内失去市场竞争力。对于同样的投入，产量越高，成本越低，成本越低就越具市场竞争力，企业并不愿意为创新买单。另外，一些企业急功近利，忽略了创新的本质，不注重质量竞争力和技术含金量，不考虑消费者真实需求，过分炒作创新概念，单纯追求市场占有率，生产一些徒有"面子"缺失"里子"的创新产品，扼杀了企业的技术创新潜能，难以形成可持续创新的核心能力。

三、树立创新价值评判的正确导向

围绕实体经济质量创新不足、企业家创新能力匮乏、创新与互联网化简单等同、创新行为短期化、科技创新资源错配、金融创新风险累积、人力资本创新价值扭曲等关键共性问题，必须破除"伪创新"滋生蔓延的"制度温床"，全面树立以高质量创新为评判标准的社会价值导向。

一是政府引导促动力，打造多点位协同推进的创新载体。要以落实政策配套为立足点、以提升政府效能为着眼点、以发展科技金融为侧重点、以塑造营商环境为支撑点、以服务企业创新为突破点，强化扩散效应和带动效应，深挖实体经济领域创新的基础性作用，坚决纠正严重脱离实体经济需要的"伪创新"。坚持"增量崛起"与"存量变革"并举，大力夯实新经济成长和传统产业升级的战略载体，打造以新技术、新产品、新业态、新模式为创新导向的"四新"经济，为促进全社会创新能力的整体跃升奠定坚实基础。

二是市场主导挖潜力，形成全链条无缝衔接的创新闭环。以强化政策链进一步破除地方行政樊篱、以活化人才链进一步激发创新创造动力、以优化资金链进一步提升资源配置效能、以催化产业链进一步激发实体经济潜能、以极化创新链进一步实现多元价值创造。要进一步提升政府管理效能、优化要素资源配置、激发创新主体活力、加大研发投入力度，搭建具有"造血"功能和集聚辐射带动作用的协同创新平台，推动技术、人才、资本等要素资源跨区域有效配置和有序流动。要引导和推动各地区、各部门以科技创新为核心，全方位集聚产品创新·品牌创新·产业组织创新·商业模式创新，实现"开始一公里"

和"最后一公里"无缝衔接的创新"莫比乌斯环"。

三是社会督导显活力,营造多元化有效激励的创新环境。要提高配套政策供给水平,增强创新要素资源聚合能力,完善创新创业主体激励机制,畅通成果转移转化多元渠道。要注重精英创新与草根创业互补发展、大中企业与小微企业协同发展、新型研发机构和传统高校院所共生发展、"政产学研资用"一体化融通发展。围绕进一步促进有利于高质量、高水平、高效能创新活动的生态环境优化,结合新业态、新模式、新产业所具有的跨部门、跨领域、跨行业融合发展的特点,从国家层面深入推行包容审慎的监管政策,制定事中事后监管办法和相关行业标准与技术规范,加快信用体系建设,对存在各类"伪创新"违法行为的市场主体,通过社会诚信体系给予联合惩戒,加快形成"一处违法,处处受限"的守信激励、失信惩戒、协同监管的联动机制。

调查方式和样本量

此次调查采用网络匿名填写,调查对象可以通过电脑端和移动端访问,调查平台即时获得调查结果。中国科协预先通过调查站点下发通知和问卷网址,各站点根据规范要求在各自联系的科技工作者范围中随机选取样本。调查于2017年10月20日00:00正式上线,于24:00截止,共组织14000名科技工作者在线填答,回收问卷13744份,回收率达98.2%。

调查样本结构

年龄结构:30岁及以下者3817人(27.8%),31～40岁5726人(41.7%),41～50岁3050人(22.2%),51～60岁1082人(7.9%),61岁及以上69人(0.5%)。

政治面貌结构:中共党员8340人(60.7%),民主党派668人(4.9%),群众4736人(34.5%)。

学历结构:大专及以下学历者1546人(11.2%),本科6855人(49.9%),硕士3631人(26.4%),博士1712人(12.5%)。

类型结构:科研院所2545人(18.5%),高等院校2532人(18.4%),公有制企业2286人(16.6%),非公有制企业1453人(10.6%),医疗机构1604人(11.7%),普通中学1354人(9.9%),其他1970人(14.3%)。

　　职称结构：初级职称 2663 人（19.4%），中级职称 5162 人（37.6%），副高级职称 2889 人（21.0%），正高级职称 880 人（6.4%），其余 2150 人无职称（15.6%）。

　　地域结构：全国学会站点被调查者 277 人（2.0%），东部地区被调查者 6128 人（44.6%），中部地区 3575 人（26.0%），西部地区 3764 人（27.4%）。

课题组成员： 陈　锐　张丽琴　高晓巍　乔黎黎　曹学伟　王　达

关于以东北地区为龙头
建设"美丽中国中脊带"的建议

东北地区位于"一带"（丝绸之路经济带）和"一线"（胡焕庸线）的交会区，与东北经济发展伴生的生态环境问题，既是建设"美丽中国"必须攻克的难关，也是东北振兴必须迈过的重要关卡。为此，中国科学院遥感与数字地球研究所郭华东院士组织专家从联合国可持续发展目标（SDGs）视角出发，提出以东北为龙头，打造美丽中国中脊带，对推动东北区域振兴发展有积极政策参考价值。现予编发，供参阅。

一、东北地区发展正面临严峻的生态环境挑战

一是当前大量湿地面积遭到破坏，导致生物多样性受损，湿地蓄水和削减洪峰的功能下降，调节局部气候作用减弱。中华人民共和国成立初期，东北地区约有沼泽湿地11.4万平方千米，到2015年沼泽湿地已减少为7.84万平方千米。造成这一现象的主要原因有：部分区域气候干旱，农业开垦和排水疏干，水利工程用水过度导致来水减少，管理机制不健全，缺乏可操作性强的生态补偿机制。

二是森林及草原功能衰退，水源涵养能力降低，土地退化现象日益加重。近年来，东北地区森林质量下降，近、成、过熟林等可采资源急剧减少；草地退化严重，优良牧草减少，杂类草和抗盐碱植物增多，各大草原产草量逐年下降；沙漠化土地约有8.34万平方千米，水土流失约28万平方千米；土地退化导致黑土农田质量退化，黑土区耕地土壤腐殖质以每年0.2～0.3厘米的速度减少。造成这一现象的主要原因有多年采伐、超载过牧、农田开垦、矿业开

发，以及对森林草原的经营管理不善等。

三是未达标的工业废水及生活污水排放，大量使用农药、化肥及除草剂，工矿废弃物及堆放垃圾未能进行有效处理等现象长期存在。东北地区多条水系受到污染；大面积海域及近岸地区污染加剧；浅层地下水超采严重且部分受到污染，部分饮用水源地水质不达标。农田土壤重金属污染面积超 20%，城郊农田有机污染超 10%（中度）。工矿业附近土壤污染远高于农业土壤，局部地区可能超 80%。造成这一现象的主要原因有：经济下行压力大，环境管控不力，城市废水及废弃物处理等公共服务缺位，农业污染防治意识不强，片面追求高产等。

四是大气污染问题相比于其他区域更为严重，长春市、沈阳市、哈尔滨市全年空气质量指数（AQI）均值超过 100。造成这一现象的主要原因有：大面积秸秆露天焚烧和供暖产生的大气污染物叠加；大气环境容量接近饱和；逆温、静稳天气及寒冷季节大气边界层低，监测数据不足等。

二、东北地区振兴对于建设"美丽中国"和实现联合国可持续发展目标意义重大

2018 年，习近平总书记在全国生态环境保护大会讲话中提出，要自觉把经济社会发展同生态文明建设统筹起来，加大力度推进生态文明建设、解决生态环境问题，共谋全球生态文明建设，深度参与全球环境治理，形成世界环境保护和可持续发展的解决方案。在经济社会发展和可持续发展方面，东北地区各省面临几乎相同而又相互关联的困境。在两条发展道路上探索出一个新的发展模式，对于实现"美丽中国"和联合国可持续发展目标都具有重要意义。

为了推进经济增长、社会包容与环境美好的三位一体可持续协调发展，2016 年联合国通过了《变革我们的世界：2030 可持续发展议程》，提出了 17 个可持续发展目标（SDGs）和 169 个具体目标。这些发展目标为东北地区的发展提供了可供遵循的基本指引。为保障联合国可持续发展目标的顺

利推进，促进建立完善的数据统计体系及 SDGs 评估指标体系、确保全球性数据库数据可靠性等工作的有序开展，联合国在 2015 年启动技术促进机制（TFM），为实现可持续发展目标提供支撑服务。TFM 机制有中国科学家的参与。东北地区在未来发展中应充分利用 SDGs 的指引，以及 TFM 机制的支撑服务。

三、东北地区应积极抓住丝绸之路经济带发展的历史机遇

东北地区应主动抓住丝绸之路经济带发展的历史机遇，推进沿线利益共同体、命运共同体、责任共同体的建设。"一带一路"倡议把东北地区与俄罗斯远东地区合作纳入了丝绸之路经济带建设范畴。2016 年发布的《中共中央　国务院关于全面振兴东北地区等老工业基地的若干意见》，明确提出"努力将东北地区打造成为我国向北开放的重要窗口和东北亚地区合作的中心枢纽"。随着"一带一路"倡议的实施和时间的推进，日本、韩国、朝鲜都向"一带一路"走来。未来，东北地区和日本、韩国、朝鲜在"一带一路"的推进过程中，将会挖掘出巨大的合作潜力，这是一个重要的契机。东北地区与俄罗斯、朝鲜及韩国具有漫长的共同边界，同时靠近日本，实现共同发展需要加强基础设施建设和发展互联互通。

2017 年，中国科协成立数字丝路国际科技联盟，引领"一带一路"国家和全球有关专家利用大数据做好"一带一路"工作。"数字丝路国际科学计划"利用一系列对地观测卫星数据形成一个大平台系统，涵盖农业、海洋、环境、灾害、水资源等各方面，通过数字丝路地球大数据平台，让成员国决策者能够利用这些数据，让研究"一带一路"的专家们充分利用数据，实现面向可持续发展目标的从科学到决策、从国家到全球的国际合作。目前国外很多用户包括政府、大学和机构，愿意和中国进行合作，来共同完成数据共享事业。数字丝路国际科学计划的很多数据已经对全球开放，通过中文、英文、法文三种语言实现数据的全球共享。东北地区需要抓住机会，高举科学的大旗，加强共享互联，用联合国可持续发展的理念来指导"一带一路"的发展。

四、以东北地区为龙头构建"美丽中国中脊带"，打破胡焕庸人口线制约

东北地区具有特殊的地缘优势，是中蒙俄经济走廊核心区，在与朝鲜、日本、韩国的丝绸之路经济带建设中具主导地位，还是丝绸之路经济带和胡焕庸线的交会区。东北地区的发展面临着巨大的机遇与挑战，要做可持续发展的先导者，勇于面对挑战，打破发展瓶颈，率先走上可持续发展道路。

一是培育瑷珲—腾冲生态经济发展带，构建"美丽中国中脊带"。培育"瑷珲—腾冲带"成为精明专业化产业带，打通东北瑷珲—西南腾冲交通线；构建"瑷珲—腾冲线"成为"美丽中国中脊带"，实施"瑷珲—腾冲带"四段差异化保护与发展和利用模式。形成连接中、俄、缅的"一带、两端、三国、九省"格局，联通中蒙俄经济走廊与中缅经济走廊，同时促进东北亚与南亚的南—北贸易与密切交流态势的形成，对于东北地区的振兴及发展是非常重要的。

二是发展高质量新型城镇化，三业联动铸就东北地区发展新模式。打造边疆城市成为国际枢纽城市，走新型城镇化之路；控制耕地规模、调整种植结构、转换经营方式，提高资源承载力；打造特色高附加值生态产业，铸就经济增长与社会发展新引擎。

三是重视科技创新对东北地区发展的作用。东北地区面临着一系列可持续发展的挑战。科技创新是发展的基石，科技创新是可持续发展的关键，科技创新的程度决定着成功的高度，需十分重视创新驱动对区域发展的作用，使东北地区切切实实走上可持续发展的道路。

东北地区振兴和可持续发展都不是一蹴而就的事情，必须要有远大的眼光。生态环境也不是几年之内就可以有所变化的，要借力胡焕庸线和"一带一路"倡议，打造以东北地区为龙头的"美丽中国中脊带"，把党和政府的政策激励和整个区域的战略结合起来。东北地区走上全面可持续发展之日，也将是东北地区全面振兴之时。

课题组成员：郭华东　黄　璐　任福君　施云燕　王寅秋

关于支持深圳市建设国际科技产业创新中心有关问题的建议

经过 30 多年的努力，深圳市成功实现了从"跟跑"向"并跑"、从"深圳制造"向"深圳创造"、从要素驱动向创新驱动的转变。在全国经济发展进入新常态，一些地区正处于转型阵痛的情况下，如何立足深圳市自身特色和中国国情，探讨和研究深圳市的创新改革工作，进一步提炼中国创新发展的区域实践经验和示范推广模式，成为时下理论与实务界共同关注的热点问题。为此，中国老科学技术工作者协会创新发展研究中心组织相关专家从进一步支持深圳市先行先试、加快国际科技产业创新中心建设和带动珠三角地区转型升级等方面，就深圳市如何发展成为国际科技产业创新中心进行了研究，形成了一些思考和建议。现予编发，供参阅。

国际科技产业创新中心是一个国家或地区乃至全球创新的发动机，对全球创新资源流动具有强大的引导、集聚能力。国家"十三五"规划纲要明确提出，"支持珠三角地区建设开放创新转型升级新高地，加快深圳市科技、产业创新中心建设，深化泛珠三角区域合作，促进珠江—西江经济带加快发展"。这是我国实施创新驱动战略、加快建设创新型国家和世界科技创新强国的重大举措。

为贯彻落实党中央要求，中国老科学技术工作者协会组织中国宏观经济研究院等单位有关专家，成立了"深圳科技创新的经验、启示与政策研究"课题组，赴深圳市进行了多次调研，并到北京市中关村产业园、上海市和美国硅谷等地实地考察，收集了大量第一手资料，召开多次交流和座谈会，就深圳市如何发展成为国际科技产业创新中心进行了研究，形成了一些初步思考和建议。

现将主要研究结论报告如下。

一、深圳创新发展的主要成就、经验与启示

改革开放以来，深圳市从一个小渔村发展成为一座充满活力的创新绿洲，创新指数在全国名列前茅，取得了巨大成就。在这片土地上，涌现了华为技术有限公司（以下简称"华为公司"）、深圳市腾讯计算机系统有限公司（以下简称"腾讯公司"）等一批具有全球影响力的创新型企业，每年平均新创办企业超过2万家，境内外上市企业累计达到321家，诞生了一批具有国内国际影响力的重大创新成果。2015年，深圳市全社会研发投入占地区生产总值的比重达到4.05%，相当于世界排名第二的韩国的水平。地方一般公共预算收入规模高于天津市，甚至高于河北省、福建省、安徽省等一个省的财政收入。它以全国0.02%的土地面积、0.8%的人口，创造了全国2.6%的国内生产总值、4%的国内发明专利申请量、近50%的专利合作协定（PCT）国际专利申请量，聚集了国内30%左右的创业投资机构和创业资本。经过30多年的努力，深圳市成功实现了从"跟跑"向"并跑"、从"深圳制造"向"深圳创造"、从"铺天盖地"向"顶天立地"、从要素驱动向创新驱动的转变，创造了"中国奇迹"乃至"世界奇迹"。特别是近年来，在全国经济发展进入新常态，在一些地区正处于转型阵痛的情况下，深圳经济依然保持较高的增速和强劲的发展势头，被人们称为"新深圳现象"。

为什么深圳创新发展能够取得如此骄人的成绩？深圳市的奥秘究竟在哪里？归根结底，就是坚持以改革开放为动力，坚定不移走市场化、国际化和创新驱动发展之路。

第一，深圳创新发展源于改革开放的基本国策和先行先试的重大举措。深圳市是我国最早实行改革开放的地区。为探索在社会主义制度条件下利用外资、先进技术和管理经验的发展道路，国家允许深圳市实行特殊政策和灵活措施。特区的政策和毗邻香港的区位优势，使深圳市在较短时间内吸引了大量企业、人才、资金、技术等要素，弥补了创新资源的"先天不足"，促使了以

"三来一补"为特征的外向型经济快速发展，同时一批民营企业也纷纷创立。后来，随着深圳市生产要素成本上升，一批成本敏感型企业外迁，由此使深圳市产业发展逐步向中高端迈进，结构不断优化。再后来，经过长期发展，一批民营科技型企业逐步成长壮大起来，自主创新能力不断提高，使深圳市产业结构实现了由劳动密集型向技术密集型、由投资和出口驱动向创新驱动的转变。这是深圳市发展的历史大脉络，也是一个持续推动供给侧结构性改革的过程，即通过改革开放和先行先试，持续推动生产要素结构、企业结构和产业结构不断转型升级，提升创新能力和供给水平。

第二，深圳创新发展源于充分发挥市场配置资源的决定性作用。包括培育市场主体、放手发展民营企业、构建包括产品市场及要素市场在内的市场体系、大幅度减少政府干预等，形成了"6个90%"（90%的创新企业是本土的企业，90%的研发人员在企业，90%的研发投入来源于企业，90%的专利产生于企业，90%的研发机构建在企业，以及90%以上的重大科技项目也由龙头企业来承担）的创新要素结构，进而使市场机制在资源配置中发挥决定性作用。正是在"优胜劣汰"的市场机制下，企业必须依靠不断创新发展、拓展领域，才能获得竞争优势，从而促进了深圳市产业发展的不断衍生裂变、转型升级，使之成为国内诸多地区中市场化程度最高、发挥市场机制作用最充分的城市。

第三，深圳创新发展源于坚定不移走国际化发展道路。国际化程度高是深圳创新发展的另一个重要特点。无论是早期的"三来一补"起步，还是后来的华为公司等企业走出去，深圳创新发展的轨迹始终都离不开国际化的带动。大量外资的涌入不仅带来了资金、技术和管理经验，更重要的是为深圳市输入了市场经济体制机制、法治观念和国际视野，使深圳市的产业结构始终紧跟全球科技革命和产业变革的趋势和潮流。正是在全球化发展大潮中，深圳市通过加工贸易介入全球价值链，之后不断升级，逐步实现了从模仿创新到自主创新的转变。

第四，深圳创新发展源于坚定不移走创新发展之路。深圳创新发展主要是市场机制作用的结果，但同时深圳市也充分发挥了"有为政府"的作用，从而把市场机制配置资源的决定性作用与政府的引导推动作用很好地结合起来。早在 20 世纪 80 年代和 90 年代，深圳市就大力兴办科技型企业，发展高新技术产业。特别是面对 2008 年的国际金融危机的压力，深圳市不是采取传统的依靠扩大投资等方式来维持增长，而是通过支持企业开展"创新冬训"来应对市场"寒冬"，以更大力度推动创新发展。在转型发展过程中，深圳市较好地处理了发展实体经济与虚拟经济的关系，有效避免了制造业的空心化，较好地实现了制造业和服务业、实体经济和虚拟经济发展相互促进，实实在在走出了一条创新驱动的新型工业化道路。

深圳市的实践充分证明，只要我们坚定不移推进改革开放，坚持不懈抓创新，完全可以走出一条具有中国特色的自主创新之路，实现经济发展中高速、推动产业迈向中高端，跨过"中等收入陷阱"。深圳市的实践，对于我们认识什么是创新、怎样推动创新具有十分重要的意义，对深化供给侧结构性改革、深入实施创新驱动发展战略、推动全国创新发展具有重要启示。

二、深圳市与国际一流科技产业创新中心的主要差距及面临的挑战

国际科技产业创新中心是指拥有一批引领世界创新潮流的成果和企业、能够广泛有效地吸引吸纳和集聚国际创新资源的地区。从目前看，深圳市已成为国内乃至国际享有盛誉的创新创业之城，但与美国硅谷等国际一流科技产业创新中心相比，还存在较大差距。

一是"引领型""颠覆性"创新不足。目前，深圳市的创新主要是以"追赶型"创新、商业模式创新等为主，原创性、首创性的重大创新产品还不多。比如，华为公司、腾讯公司等企业创新能力已处于国内领先水平，但是与思科公司、苹果公司、谷歌公司等企业还存在相当差距。在生物医药领域，美国硅谷拥有基因泰克等一批国际一流现代生物技术企业，诞生了一批"重磅级"的生物技术药物和产品，是全球生物技术产业创新策源地，远高于深圳市目前的水平。在新能源汽车领域，特斯拉已成为引领全球电动汽车发展的标杆，而比亚迪仍主要以国内市场为主，在核心技术、知识产权和品牌方面还存在较大

差距。

　　二是人才国际化水平有待提高。据美国《硅谷发展报告》统计，2015年，硅谷地区的人口构成中，有37.4%的人出生于国外，拥有本科及以上学历的劳动人口占比达到48%，集聚了全球最优秀的人才，是"择天下英才而用之"。而深圳2015年常住外国人仅占全市常住人口的0.2%，拥有本科及以上学历的劳动人口仅占深圳市常住人口的13.6%。

　　三是科技教育基础较为薄弱。美国硅谷拥有斯坦福大学、加利福尼亚大学伯克利分校等一批国际一流的研究型大学和美国国家航空航天局艾姆斯研究中心、施乐帕克研究中心等世界顶尖研究机构，源源不断地为周边企业提供技术转移和人才支撑。而深圳市目前高校和科研机构十分欠缺，还没有高水平的国家级科研机构，在科研基础方面与美国硅谷存在巨大差距。

　　四是在创新创业环境方面还存在"短板"。比如，生活和创业成本相对较高。以房价为例，2015年美国硅谷房产均价约为83万美元一套，相当于年人均收入的10.5倍。与之相比，深圳市的房价收入比超过了30倍，生活成本高昂。这种局面不利于深圳市继续吸引吸纳国内外移民及国际创新资源和要素的进入，还容易导致经济虚拟化、泡沫化。此外，在城市基础教育水平、公共医疗服务、文化艺术、法治环境等方面还存在不足。同时，还要看到，深圳市建设国际科技产业创新中心面临诸多挑战。①随着政府掌控的资源越来越多，如何保持体制机制的优势，避免旧体制复归，需要进一步探索。②发展空间面临瓶颈制约。目前深圳市土地开发强度已接近50%，超过30%的国际警戒线，生活环境拥挤，发展空间越来越小。③新技术、新产品、新业态、新产业发展受国家现行管理体制和法规的制约突出。比如，目前政府数据开放不够、共享不足，个人数据隐私保护等法律法规缺失，致使大数据、云计算等难以快速发展；由于低空空域开放滞后，目前大疆无人机在国内市场很难推广应用；生物医药产品审批难、审批慢的问题长期没有得到根本解决；"细胞治疗"目前没有明确的准入政策，北科生物科技有限公司等一批企业不知道到哪里买"门票"；等等。这些问题严重制约了深圳市的进一步创新发展与国际科技产业创新中心建设。

三、支持深圳市建设国际科技产业创新中心的若干建议

当前，新一轮科技革命和产业变革又在快速孕育兴起，以信息经济、生物经济、低碳经济等为代表的大量新经济形态蓬勃发展，全球科技产业创新格局正在悄然发生变化。历史经验表明，每一次科技革命和产业变革都会推动一些科技创新产业中心的崛起，使一些国家和地区后来居上，实现跨越式发展。我们应充分把握难得的历史机遇，进一步支持深圳市先行先试，加快国际科技产业创新中心建设，带动珠三角地区转型升级，为我国推动落实国家创新驱动发展战略，建设创新型国家做出更大的贡献。

一是开展新技术新业态监管改革创新试点。支持探索适应分享经济、大数据、互联网教育等行业发展的监管模式；支持开展基因检测、干细胞等先进生物诊疗技术的临床研究和应用推广，组建深港新药国际多中心临床试验基地和国家药品医疗器械技术审评深港分中心。

二是支持开展技术移民制度改革试点。探索建立具有国际专业技术资格的人才和技术移民积分制度，扩大向外籍创新创业人才发放"中国绿卡"范围，突破外籍人才长期居留、永久居留和创新人才聘用、流动、评价激励等政策瓶颈，更好地集聚国外各类优秀人才。

三是支持建设粤港澳创新共同体。支持深圳市与广州市、东莞市、惠州市、珠海市、香港特别行政区、澳门特别行政区等珠三角周边城市开展深度创新和产业合作，打破条块分割，消除隐形壁垒，贯通产业链条，重组区域资源，实现创新要素自由流动、优化配置，拓展发展空间，带动珠三角地区一体化发展，更好地发挥深圳市的带动辐射作用。

四是支持开展资本市场、房地产市场改革试点。支持建立以服务科技创新为主的民营银行和投贷联动试点，探索与科技创新企业发展需要相适应的银行信贷产品；支持在创业板先行开展股票上市注册制改革。支持深圳市开展房地产改革试点，切实降低房价。

五是支持建设高水平大学和科研基础设施。按照现代科研院所制度，在大

数据、人工智能、生命科学、新材料等领域，建设一批高水平的研发机构。依托境内外著名高校、科研机构和企业，打造一批国际一流学科专业，建设高水平大学。布局一批国家级重点实验室、工程实验室、工程技术研究中心、国家企业技术中心、国家制造业创新中心（工业技术研究基地）等国家重大创新基础设施。

国家继续支持深圳市先行先试，允许其在科技产业创新方面突破现行的一些法律法规；在规划布局上对深圳市建设国际一流创新平台和创新基础设施给予必要的支持，进一步增强其对全球创新资源的集聚能力，必将推动深圳市成为科技创新资源的密集区、产业创新的引领区、创新创业高度活跃区，使深圳市早日建设成为国际科技产业创新中心及全球重要的科技和产业创新引擎。国家已部署将上海建设成具有全球影响力的科技创新中心，将北京建设成全国科技创新中心。我们相信，这三个中心的建设对于我国抢占新一轮科技革命和产业变革制高点，建设科技强国，推动创新驱动发展将具有十分重要的意义。

课题组成员：马德秀　方　新　王昌林　穆荣平　陈　锐　姜　江　韩　祺
　　　　　　张　濛　李振国　温　珂　谭　遂　杨　拓

关于既有住宅加装电梯
实施进展的报告

——厦门经验的启示与思考

  既有住宅加装电梯是一项惠民利民的民生工程，体现了党和政府对基层群众的关心关怀，受到了群众的普遍欢迎。2018年3月李克强总理在政府工作报告中明确提出"鼓励有条件的加装电梯"，有效推动了各地加装电梯工作的实际进展。为进一步跟踪落实情况，2018年10—12月，中国老科学技术工作者协会（以下简称"老科协"）组织各省（自治区、直辖市）老科协对有关"既有住宅加装电梯"工作的基本情况进行统计，对福建省厦门市开展了实地走访调研，收集了"既有住宅加装电梯"工作过程中存在的主要问题及好经验、好做法。

一、总体概况

  自开展既有住宅加装电梯工作以来，全国各地积极行动，广州、南京、北京、杭州、济南、厦门等城市相继出台实施办法和管理规定，并取得了实效。据不完全统计，广州市是目前加装电梯最多的城市，截至2018年11月，累计审批老旧住宅加装电梯许可4293宗，其中2018年审批1302宗。截至2018年12月，南京市有2122部电梯签订书面协议，1043部办理完成施工许可，累计完工572部。北京市共开工990部，其中完成378部。杭州市共有531处加装电梯项目通过联合审查，397处项目开工，其中256处完工。济南市5个试点区共399个单元完成规划审查，206个单元实际开工，105部电梯投入使用。各地老科协收集的资料显示，加装电梯后，受益居民的幸福指数显著提升，增梯工作赢得了社会各界广泛赞誉。

二、厦门市的经验与启示

厦门市开展既有住宅加装电梯的工作可以追溯到 2007 年的一份政协委员的提案——《关于我市旧楼加装电梯工作的建议》。厦门市委、市政府高度重视该提案，为完善厦门市既有住宅的使用功能，提高宜居水平，方便居民生活，于 2009 年正式启动相关工作，到目前已经开展了 10 年的工作。10 年实践中，厦门市摸索出以下主要经验。

一是用指导意见规范实际工作。厦门市 10 年的实践可分成三个阶段，每个阶段都出台指导意见，让工作有规可依。① 2009 年 9 月至 2015 年 3 月：厦门市于 2009 年开始进行既有住宅加装电梯工作，颁布了厦门市《关于在老旧住宅加装电梯的若干指导意见》。为了明确申请老旧住宅加装电梯财政补贴的条件、标准、程序和相关事项，2014 年 1 月 27 日又颁布了《关于进一步明确申请老旧住宅加装电梯财政补贴有关事宜的通知》。在这个阶段完成增设电梯 300 台，财政资金补贴 170 部电梯，补贴金额约 3800 万元，惠及居民约 1800 户。② 2015 年 4 月至 2018 年 3 月：厦门市各部门在原有工作基础上，征求法律界人士的意见，在 2015 年 3 月 27 日颁布了《厦门市既有住宅增设电梯指导意见（2015）》。至 2018 年 3 月，共颁发施工许可证 413 份，已完成增设电梯 300 余台，发放财政补贴 429 万元，惠及居民 2000 余户。③ 2018 年 4 月至今：厦门市相关部门在专题调研的基础上，结合全市实际情况，于 2018 年 9 月印发了《厦门市城市既有住宅增设电梯指导意见（2018 修订版）》，推动新一轮工作启动。

二是强化属地街（镇）职责，完善矛盾处理机制。增设电梯带来的主要矛盾是高低层住户之间的意见分歧，增设电梯业主之间的协商补偿仍是电梯纠纷工作的基本解决路径。为此，厦门市进一步强化街道的属地作用和职责，要求由其负责增设电梯全过程业主间矛盾纠纷的调解，包括审批和施工等环节。具体规定为：若全体业主一致同意增设电梯的，实施主体要按照要求委托公证，并请所在地社区居委会对公示情况进行见证备案；三分之二以上业主同意增设电梯，其他业主无异议的，街道应出具无异议情况说明；业主对增设电梯有异议的，街道应当依照工作职责与程序，积极组织协调，努力促使相关业主在平等协商基础上自愿达成调解协议，调解后无异议的，要出具调解无异议情况说明，调解后业主间无法达成一致的，街道也要出具调解异议情况说明。街道在收到异议方提出的书面请求之日起 10 个工作日内，就应当启动调解工作，30 个工作日内要出具调解情况说明。街道不积极主动组织调解工作的，将依照相关规定予以督办、问责。

三是明确受损业主利益补偿方案，完善补偿机制。着眼于维护各方业主的基本权益，厦门市建立了公示制度，公示内容包括增设电梯方案、资金概算及费用筹集方案、电梯运行维护保养分摊方案等内容。特别要求增设电梯初步方案应该包括对利益受损业主进行适当补偿的资金筹集预案，以保护其他业主的权益。具体包括：增设电梯应给予利益受损业主适当补偿，补偿金额从筹集资金中支出，由业主之间协商。原则上，第一层每户补偿金额不宜超过增设电梯总工程费用除以本梯总户数的数值，第二层每户补偿金额为第一层补偿金额的一半。

在厦门市的实际操作中，也凸显出一些有待解决的共性问题。现行的《中华人民共和国物权法》《中华人民共和国物业管理条例》《厦门市城市既有住宅增设电梯指导意见》等有关加装电梯的法律法规，对物权相关条款的解释存在差异。如采取"业主居民 100% 同意"方可安装，还是"业主居民 2/3 多数同意"即可安装，尚未有准确的法律依据。厦门市既有住宅加装电梯工作已开展10 年，安全管理、专业维保等后续的维护和管理工作须进一步加强。

三、几点建议

一是建议继续在各级政府工作报告中对老楼加装电梯提出要求。自"鼓励有条件的加装电梯"写入 2018 年国务院政府工作报告以来，多地政府出台了相关指导意见或办法，对加装电梯实行财政补贴，有关各方从政策到审批流程等多方面给予更大力度的支持，有效推进了老楼加装电梯的进程。但从全国范围来看，许多居民的困难还未得到解决，加装电梯的任务仍很艰巨。因此，把该项工作作为一项民生工程继续纳入各级政府工作报告，符合实际，很有必要，具有普遍意义，有利于老楼加装电梯工作在全国范围内进一步深入开展。

二是建议有关部门推广厦门市、南京市等地加装电梯的工作经验。厦门市和南京市两城市已形成了一些好经验、好做法，有力地推进了老楼加装电梯这项工作。尤其是厦门市在10年加装电梯的实践工作中不断摸索、改进，形成了一套可推广、可复制的工作经验，对全国具有示范性意义，值得大力推广。

三是建议国务院有关部委组织力量对重点问题进行深入研究，对既有住宅加装电梯工作出台指导意见。针对法律问题、安全隐患问题、后续管理等问题建议国务院有关部委进行深入调研，出台相应的政策文件和制度安排。在遵守《中华人民共和国物权法》和强制性技术规范的基础上，鼓励地方制定符合区域实际情况的指导性或规范性意见。

课题组成员：赵立新 陈 锐 徐 强 胡 末 张 丽 张艳欣 吴艳娟
李 琦 苏丽荣

关于加快培育工业互联网
关键核心技术创新生态的建议

当前，我国工业互联网建设正从概念探讨走向产业实践，关键技术创新生态培育滞后已经成为制约我国工业互联网发展的关键瓶颈。近日，中国科学技术协会组织相关领域专家开展了"加快培育工业互联网关键核心技术创新生态"对策专题研究，梳理了10项工业互联网关键核心技术存在的短板，指出了工业互联网关键核心技术创新生态培育存在的4个问题，并提出了加快培育工业互联网关键核心技术创新生态的对策建议。

一、我国工业互联网关键核心技术短板日渐凸显

工业互联网关键核心技术主要涵盖"一硬（工业控制）＋一软（工业软件）＋一网（工业网络）＋一安全（工业信息安全）"四大基础技术，"边缘智能＋工业大数据分析＋工业机理建模＋工业应用开发"四大关键技术，以及"开源平台＋开源社区"两大撒手锏技术。我国上述工业互联网关键核心技术存在空心化、短板化、空白化问题。

（一）四大基础技术空心化严重

"一硬（工业控制）＋一软（工业软件）＋一网（工业网络）＋一安全（工业信息安全）"技术是工业互联网的四大基础技术。当前，国内领先工业互联网平台基本上都是建立在国外基础技术体系之上，工业互联网平台所依赖的"一硬＋一软＋一网＋一安全"工业互联网基础技术主要掌控在别人手里。数据显示：我国95%以上的高端可编程逻辑控制器（PLC）、工业网络协议市场

被通用电气公司、西门子公司、罗克韦尔自动化有限公司、施耐德电气有限公司等国外厂商垄断，而和利时、浙江中控、南京科远、福大自动化等本土品牌则主要集中在国内中低端工业控制系统市场。我国90%以上的高端工业软件市场被思爱普公司、西门子公司、达索公司、参数技术公司等国外厂商垄断，而用友网络科技股份有限公司、金蝶国际软件集团有限公司、浪潮集团有限公司等一批本土优秀企业的工业软件多集中于经营管理类，与工业场景、行业经验结合不足。受此制约，工业互联网数据库安全、数据传输安全、数据权益安全等信息安全及相应的产业安全更为滞后。工业互联网基础技术空心化严重。

（二）四大关键技术瓶颈突出

边缘智能、工业大数据分析、工业机理建模和工业应用开发是工业互联网平台的四大关键技术。我国这四大关键技术瓶颈突出。第一，边缘智能方面，国外厂商设备数据不开放、接口不统一，设备的数据兼容性差、采集门槛高、采集难度大。根据168家工业互联网平台企业的评估数据，我国80%的平台连接的设备协议种类不足20种。第二，工业大数据分析方面，标准化、低成本的解决方案缺乏，数据分析方案成本高，开发周期长，复制推广难。根据168家工业互联网平台企业的评估数据，我国83%的平台提供的分析工具不足20个，北京东方国信科技股份有限公司、昆仑智汇数据科技有限公司等企业正加快研制钢铁、石化、汽车等行业的大数据分析平台和工具。第三，工业机理建模方面，我国缺乏通用方法、基础工具、开放接口等标准，工业机理转换成可供开发者调用的微服务模块仍有很长的路要走，行业机理沉淀能力极其薄弱。根据168家工业互联网平台企业的评估数据，我国68%的平台提供的工业机理模型不足20个。第四，工业互联网App（以下简称"工业App"）开发方面，我国工业App标准制定滞后，工业App微服务组件颗粒度难以界定，工业App开发进程缓慢。据不完全统计，我国工业App数量不超过20000个，尤其是"杀手级"工业App严重不足，远远难以满足企业需求。

（三）两大撒手锏技术基本空白

"开源平台＋开源社区"是工业互联网关键核心技术创新生态的核心，是工业互联网平台的撒手锏技术。我国工业互联网发展中，这两个方面的建设基本上是空白。其一，开源平台（通用 PaaS）严重依赖国外。航天云网、海尔 COSMO、树根互联、东方国信等国内领先的跨行业、跨领域工业互联网平台的通用 PaaS 平台基本采用 Cloud Foundry、OpenShift、Kubernetes 等国外开源软件。其二，开源社区建设更是空白。西门子公司、通用电气公司、参数技术公司等国外领先平台企业积极参与和主导各种开源社区建设，我国针对工业互联网平台的开源社区建设尚属空白，严重制约了工业互联网平台建设和工业 App 培育。

二、我国工业互联网关键核心技术创新生态培育滞后

当前，我国工业互联网关键核心技术创新生态培育滞后，难以满足工业互联网建设及应用推广的需要，亟须围绕顶层路线图制定、产融结合、平台企业联合、企业组织变革等关键环节，加强创新生态的培育和建设。

（一）从顶层设计看，亟须尽快出台关键核心技术创新路线图

围绕工业互联网关键核心技术突破和应用推广，工信部和财政部正联合组织实施工业互联网创新发展工程，支持企业牵头组织科研院所、产业组织等成立联合体，建设跨行业跨领域、特定行业、特定区域工业互联网平台测试验证环境和测试床。随着该工程的深入实施，工业互联网关键核心技术创新生态培育会渐进推进，但亟须聚合产学研用专业资源，制定工业互联网关键核心技术路线图，进一步明确关键核心技术内容、任务、路径和时间表等，以指导、引导更多社会力量有序参与到关键核心技术创新生态建设中。

（二）从产业生态培育看，产业、科技、金融的融合不够

当前，工业互联网平台尚处在"高资金投入、长回报周期、商业模式不成熟"的起步建设阶段，尤其是上市公司——"工业富联"的破发让社会上的资本对工业互联网的投资持谨慎态度。工业互联网平台企业仅树根互联股份有限公司获得了数亿元的 A 轮融资，以及寄云科技有限公司获得了 1 亿元的 B 轮融资。亟须建立工业互联网产业基金，引导多层次资本市场加大对工业互联网科技创新的支持力度，打通产业发展、科技创新、金融服务生态链，形成产融结合、良性互促的发展格局。

（三）从平台建设看，领军企业重单打独斗轻合作

工业互联网平台是关键核心技术创新生态的载体，向下连接种类数以万计、类型各异的智能设备，向上承载海量工业应用开发，其中包含着大量的关键核心技术创新，单个企业很难构建跨行业、跨领域工业互联网平台。2018年，在国家工业互联网创新发展工程的推动下，不同类型的领军企业多路径建设工业互联网平台，制造企业构建平台实现生产运营优化，装备企业构建平台输出装备管理服务，信息通信企业构建平台赋能工业转型，工业软件企业构建平台拓展业务能力。但由于这些企业存在竞争关系，跨行业、跨领域工业互联网平台建设中本来技术互补的领军企业合作不够深入，导致工业互联网平台在行业覆盖度、功能完整性、模型组件丰富性等方面发展严重滞后。

（四）从组织保障看，组织变革跟不上导致工业互联网创新生态建设在企业内部难以落地

发展工业互联网要求企业必须变革传统的组织架构，管理方式随之发生革命性变革，管理对象从传统的人员、设备、资产等拓展到机器人、数据、知识等，企业中可标准化的工作将越来越多交给机器完成，考核聚焦的是"执行力"；企业管理重点从员工管控转为为员工赋能，考核关注的是"创造力"。当前，很多企业仅仅是从技术维度考虑工业互联网的落地，没有意识到组织变革在工业互联

网创新生态建设中的重要性，导致工业互联网关键核心技术创新效果大打折扣。因此，在企业内部构建工业互联网创新生态是一项系统工程，需要一把手来推动，需要从理念、技术、组织、管理、商业模式等方面进行全方位思考和布局。

三、政策建议

基于以上分析，建议有关政府部门、领军企业、学会、行业协会与产业联盟等机构，在以下四方面做出努力。

一是助力完善工业互联网核心技术创新生态。助力引导大型制造企业基于工业互联网平台与产业链上下游企业加强合作，助力创新利益分配和协同管理机制，打破企业组织边界，探索构建资源共享、价值共创、风险共担的创新生态。鼓励企业依托工业互联网平台加快组织管理变革，发挥平台的赋能、赋智作用，推动组织网络化、管理扁平化和员工创客化，构建"责权利"统一的组织管理体系。

二是培育行业共性知识开放的开源社区。引导工业互联网平台企业开放开发工具、知识组件、算法组件，构建开放共享、资源富集、创新活跃的开发生态，确保行业机理模型"跟得上"。

三是强化工业 App 开发者人才支撑。支持工业互联网平台企业联合高等院校、科研院所、产业联盟、行业协会和专业机构等组织举办工业互联网"双创"开发者大赛，打造基于工业互联网平台的"双创"新生态，确保工业互联网人才"用得上"。

四是加快发展各类工业互联网平台服务商。围绕"一硬＋一软＋一网＋一安全"等基础技术，积极引导相关行业协会，助力培育工业自动化服务商、工业软件开发商、工业信息化服务商、工业网关提供商和工业信息安全服务商。围绕"开源平台＋开源社区"撒手锏技术，推动重点互联网企业、信息与通信技术（ICT）企业、软件企业建设开源平台和开源社区。

课题组成员：杨春立　袁晓庆　张义忠　刘　萱　李　教　马健铨

筑底线思维，尽快破解科技型
中小企业融资难困境

2019年1月21日，习近平总书记在省部级主要领导干部坚持底线思维着力防范化解重大风险专题研讨班（以下简称"研讨班"）开班式上指出，要切实解决中小微企业融资难融资贵问题。科技领域安全是国家安全的重要组成部分，要加强体系建设和能力建设，完善国家创新体系，解决好创新主体功能定位不清晰等突出问题，提高创新体系整体效能。科技型中小企业是科技人员创新创业的重要形式，是提升我国创新能力的生力军。然而，面对当前国内外经济形势出现的新变化、新挑战，我国科技型中小企业普遍融资困难，"结构性钱荒"有加剧之势，对企业健康发展形成重大制约。为深入分析科技型中小企业融资难的原因，提出帮助科技型中小企业渡过难关的有效措施，近日，中国科协创新战略研究院牵头组成调研组，对代表性科技型中小企业、银行创业投资基金公司开展深入调研，现将研究结果报告如下。

一、科技型中小企业融资难尤为突出

与其他类型企业相比，科技型中小企业兼具"科技"和"中小"双重特质，企业发展风险高、存活率低是一个不争的事实。在当前的内外部环境下，科技型中小企业融资困难进一步加剧。

一是科技型中小企业上市融资壁垒高。据科技部火炬高技术产业开发中心网站数据显示，我国科技型中小企业数量约有16.6万家。但截至2018年年底，我国创业板上市企业仅为739家，全国中小企业股份转让系统（又称新三板）上市企业不到1.1万家，仅有不到1%和7%的科技型中小企业有上市融资机会；

创业板总市值约为 4 万亿元人民币，远低于同类型美国纳斯达克 10 万亿美元市值规模。

二是近期科技型中小企业上市融资难度进一步加大。2018 年，创业板仅上市 29 家企业，募集资金 286.89 亿元，同比减少 79.4% 和 45%；新三板股票发行次数和募集金额仅为 1402 次和 604.43 亿元，同比下降 48.6% 和 54.8%，为开市以来最低。

三是银行贷款难长期困扰科技型中小企业发展。数据统计显示，我国科技型中小企业平均寿命只有 3.5 年，5 年存活率不到 10%。同时，由于科技型中小企业同时兼具"规模小、资产少"等特质，银行等低风险容忍度机构很难给予融资支持。

二、科技型中小企业融资难的主要原因

结合科技型中小企业特质，科技型中小企业融资问题凸显的成因具体表现为以下五个方面。

一是现有创业投融资体系难以支撑企业融资需求。具体表现为"三不"。首先是民营创投机构活力不足。由于募资难、回报周期长、投布能力弱，"僵尸创投"现象较为普遍。其次是国有创投资本引导动力不足。与民营资本相比，国有创投资本存在审批流程复杂、运营机制不健全、投资模式过于保守等一系列问题，"四两拨千斤"的杠杆效应难以得到有效发挥。最后是创业投资退出渠道不畅。新三板等市场流动性较差，股权投资机构退出渠道不畅，降低了创业投资基金投资科技型中小企业的积极性。

二是传统银行缺乏有效的服务模式创新实践。具体表现为"三不许"。首先是风控成本不允许。科技型中小企业贷款金额小、风险高，银行放款审核成本较高，使得传统银行放贷动力不足。其次是专业能力不允许。科技型中小企业经常处于技术前沿或早期市场，专业能力要求高，传统银行仅能从财务指标等表面判断企业实力，难以从市场与技术角度判断企业未来价值。最后是管理效率不允许。科技型中小企业融资呈短平快等特点，而传统银行贷款审批程序

复杂、放款周期较长，难以满足企业实际发展需求。

三是"信用信息不对称"进一步堵塞融资渠道。对科技型中小企业而言，由于面临实物抵质押物不足、企业专利变现难等困境，企业信用贷款更显重要。信用贷款的基础是信用信息，但我国目前整体企业信用体系建设尚不健全，相关信息分散在不同部门，信息整合和失信企业惩戒机制亟待完善，这进一步增加了获取科技型中小企业信用信息的难度和成本，使得相关金融机构望而却步。

四是近期金融政策对科技型中小企业融资造成误伤。现阶段，银行与国有企业资金是创投机构资金的重要来源。2018 年，资产管理新规、国企降杠杆等一系列去杠杆措施，在有效降低金融风险的同时，也导致了银行和国有企业资金难以流向创投机构，创投机构普遍面临"钱荒"困境，科技型中小企业融资首当其冲受到影响。

五是"专利权质押融资难"成为科技型中小企业的融资短板。科技型中小企业的实物资产相对较少，价值不稳定、难以评估作价的企业专利是其未来增长的核心资产。然而，当前专利权质押融资面临"三难题"。首先是最终价值评估难。虽然现阶段各地方积极开展企业专利权质押创新实践，但与其他融资模式相比，科技型中小企业的专利权价值评估仍存在较高的不确定性。其次是法律风险控制难。科技型中小企业更易面临专利侵权、专利无效等法律风险，这在一定程度上具有较高的不确定性。最后是问题资产处置难。当前，金融机构仍面临企业专利质押物处置通道不畅的困境，一旦科技型中小企业出现经营困难、无力偿还债务的情况，企业专利处置成为阻碍金融机构提供融资的另一关键原因。

三、尽快建立破解科技型中小企业融资难问题的长效机制

根据科技型中小企业自身特点及近期我国经济发展面临的新形势、新变化，我们建议要牢固树立底线思维和系统观念，从国家层面采取更加有效、更加精准的措施，建立积极应对机制，为科技型中小企业的良性发展提供有力

支撑。

一要大力发展市场主导、政府引导的创业投融资体系。抓紧完善进一步支持创业投资基金的税收优惠政策，支持市场化运作、专业化管理的创业投资基金发展。充分发挥政府在创业投资中的引导作用，积极鼓励专业协会参与研究提出创业投资重点领域和方向。研究建立科创板、新三板、区域性股权交易市场的衔接机制，形成有进有退、有升有降的融资渠道。

二要健全科技型中小企业的信贷政策和机制。选择若干科技型中小企业集聚的区域，有条件开展科技金融监管改革试点。优化调整银行绩效考核和风险问责机制，在对分支机构的绩效考核中，设置科技型中小企业业务的相关指标，适当提高科技型中小企业的不良容忍率。改善科技型中小企业信贷流程，降低银行信贷管理成本。

三要完善科技型中小企业信用信息体系。应推动国家、省（自治区、直辖市）、市三级政务信息互联互通，加快科技型中小企业信用有关信息数据整合。鼓励供应链核心企业、金融机构与中国人民银行应收账款融资服务平台进行对接，积极构建科技型中小企业供应链金融信用系统。

四要探索科技型中小企业专利融资的新模式。积极推广科技型中小企业的知识产权信用评级，根据企业知识产权信用评价等级，鼓励银行逐级提升企业授信额度。开展政策先行先试，积极探索科技型中小企业专利权信托和专利证券化试点示范，加快推进国家知识产权质押贷款风险补偿机制落地实施。

课题组成员：刘　萱　王孝炯　文　皓　李　毅

第二篇

科技人才领域

构建我国科技人员唯一标识符体系，推动科技管理，促进国际交流

科学技术是第一生产力。科技人员作为生产力中最活跃、最革命的因素，既是学术成果的创造者，也是科学研究的主体。通过对科技人员的精准识别、规范管理，推动科研工作流中各方数据的关联、发现与利用，可以为国家的人才战略及创新发展提供有力的数据支撑。许多科技强国都已积极研发并建设实施了国家自有科技人员识别体系。为有效应对国际通用科技人员识别系统在我国运用中存在的数据安全和管理问题，现将构建我国科技人员唯一标识符体系的重要意义和相关举措梳理如下。

一、构建科技人员唯一标识符体系已成为各国科技战略规划与布局的重点

一是科技人员唯一标识符体系已成为科研个体和科技群团组织的共同需求。科研工作者的名字具有多样性和复杂性，如何在各类系统中精确识别自有科研成果，快速融入全球学术圈，确立科学家个人的学术信用和权威成为科研个体和科技群团组织的共同需求。英国联合信息系统委员会（JISC）于2011年发布的有关科技人员识别必要性的研究报告，分析了涵盖科学家、机构、研究协会及出版社四类群体对识别符的预期：科学家希望个人标识符（ID）是安全的，并能支持未来的互操作及个人数据的导入／导出；机构认为规范的科技人员个人标识符可被包括基金委员会、研究协会、评估和管理系统的多类机构使用，因而显得至关重要；研究协会则更关心参与科研活动的科学家、科技管理人员信息的可靠性，期待实现国内及国际间各类科技工作者信息的有效衔

接；出版社关心科研产出物的精确识别与精确关联，从而实现对作者数据的二次挖掘，开发更具商业价值的产品。

二是许多科技强国均已自主研发并建设了科技人员标识体系。素以治学严谨而著称的德国早在 1989 年就开始建立国家层面的姓名规范体系（German Name Authority File），进行全国个人姓名的识别。创新力居世界前列的荷兰于 2007 年建立了数字作者标识符（Digital Author Identifier）来解决荷兰科研系统中作者同名问题，实现作者与出版物关联。英国也提出姓名工程计划（Name Project）来解决英国高等教育科研中个人和机构的唯一标识问题。2011 年，美国国立卫生研究院（NIH）打造 eRA Commons ID 体系，支撑其对基金申请人的唯一识别。

三是以开放研究者与贡献唯一标识符（Open Researcher and Contributor ID，简称 ORCID）为代表的科技人员标识符已成为国际通用的科学家身份标识。2009 年 11 月，包括汤森路透集团和自然出版集团等在内的 19 家学术团体及出版共同体提出建立开放的科研人员与贡献者身份识别码。2010 年 8 月，该共同体正式创立了 ORCID。ORCID 立足于国际规范，是 ISO 标准下国际姓名识别符标准（International Standard Name Identifier，简称 ISNI）的子集，具有作为科学家的唯一学术身份证及互联网数字环境中通行证的双重价值。2019 年，ORCID 全球注册人数达 642.4 万人，会员机构 1032 家，已有 74 家出版社签署了公开信，在出版工作流程中要求作者提供 ORCID 号，8000 余种期刊在作者投稿时非强制性要求作者提供 ORCID 号，至少 1400 种期刊要求部分或全部作者必须提供 ORCID 号。ORCID 已得到越来越多国家和地区相关科研机构的支持。美国、英国、德国、意大利、新西兰、丹麦、瑞典、荷兰、南非等 18 个国家和中国台湾成立了地区联盟，匈牙利、斯洛文尼亚、日本也在讨论建设中。

二、我国科技人员唯一标识符的使用现状和面临的问题

一是缺乏自主研发的科技人员标识符，ORCID 的使用占据主流地位。据 2018 年《中国科技统计年鉴》数据显示，我国科技人员总数已超过 621 万人，

每年都进行大量的项目申请、国内外学术交流、论文发表等学术活动。如何精准识别人名成为科研管理及相关信息系统建设的难点或者是成本巨大的工程。当前，我国尚无自主研发的科技人员标识符体系，国际通用的 ORCID 成为我国主流的科技人员标识方法。据不完全统计，中国已有 82.4 万名学者获取了 ORCID 号，人数居世界第二。

二是 ORCID 政策设限，数据安全存在极大隐患。在世界各地广泛采用 ORCID 作为科技人员唯一标识符的同时，2016 年 ORCID 的开发主体调整使用政策，以保护用户隐私为由，拒绝为机构提供已获取 ID 号的科技人员相关信息，且不再支持成员机构系统为科技人员代理获取 ORCID 号。ORCID 与会员机构权益的不对等，导致我国的科研机构及相关管理部门无法获取使用 ORCID 作为唯一标识符的科学家在学术传播和国际交流时的数据，为个人科研数据安全乃至国家层面的知识产权及科技活动数据安全埋下重大隐患，或可对我国科技进步与创新造成重大影响，后果堪忧。

三、构建我国科技人员唯一标识符体系，推动科技管理，促进国际交流

针对当前我国科技人员唯一标识符的自主研发与使用空白，建议以中国科协为主导，协同财政部、科技部、自然科学基金委员会、中国科学院、中国工程院等多个机构的力量，推进自主研发的中国科技人员唯一标识符建设。在保障我国科技活动数据基本安全的基础上，从以下三个层面入手，以期从根本上解决中国科技人员姓名拼写方式和重名等问题，扩大中国学者在国际上的学术影响力和号召力，保障我国各类科研产出的数据安全。

一是打造中国本土化的科技人员唯一标识符系统。建议召集多方专家学者合力共建致力于解决科技工作者唯一标识的委员会或联盟机构；推动 ISNI 标准在中国的本土化，建立与国际接轨的具中国特色的学者姓名规范机制；确定科技工作者唯一标识符的生成规则、发号机制、使用对象、应用范围和流程，打造一个开放的科技人员标识平台。

　　二是建立中国科技人员唯一标识符的全国应用网络。从国家层面确定中国科技人员唯一标识符权威性地位，由政府组织协调全国范围内的应用。建议自然科学基金委、科技部等基金和科技专项资助机构在审批项目时，科研机构和高校等在进行学术绩效考核和评估时，出版单位在进行论文审核时，均要求科技人员提供自己的唯一标识符，从而将该标识嵌入从项目立项到最终成果发布的全生命周期科研工作流，关联多类型学术成果和学术动态，推动实现中国科技人员唯一标识符的全链条应用及其生态系统建设。

　　三是建立与国际通用科技人员唯一标识符的交互和融通。构建中国科技人员唯一标识符体系，最终将为中国科技人员提供全球通用的身份识别解决方案。因此，应推进国内外各类型学者标识系统平台与中国学者唯一标识符系统平台的接轨和融汇，做到科技人员标识信息与数据的无缝交互，从而实现中国科技人员及其学术成果在全球学术圈内的精准发现和识别，也为我国科技人员在国际学术界发出中国声音打下了坚实基础。

课题组成员： 高　洁　武　虹　赵立新　郝　茜

科技工作者创业意愿较高但创业行动因创新政策落实情况而异

在近两年"双创"政策的引导下,科技工作者的创业意愿得到激发,但多数科技工作者"只见心动,未见行动"。调查显示,2013 年科技工作者中有创业意愿的人群比例为 26.1%,2015 年为 49.1%,2016 年为 51.3%。尽管大多数科技工作者有创业意愿,但多数人停留在观望等待阶段,2016 年仅有 1.9% 的科技工作者"已经开始创业"。科技工作者作为"双创"生力军的作用还未被充分调动激发出来。

一、科技工作者创业主要为实现个人价值,偏好知识技术密集型领域和团队创业方式

一是实现个人价值是科技工作者创业的主要动机。科技工作者中选择实现个人创业梦想和出于个人兴趣选择创业的占大多数。调查显示,79.6% 的科技工作者认为创业是为了"实现个人价值",34.7% 认为是为了"促进社会发展",36.7% 认为是为了"满足个人兴趣"。有关"创业对自己是一种经历和兴趣,不在意成功与否"的调查中,53.1% 的创业者表示认可。

二是科技工作者创业偏向于知识和技术含量高的领域。调查显示,信息技术(28.8%)和互联网电商(27.2%)是科技工作者选择创业相对比较集中的领域。与一般的创业项目相比,教育培训(27%)、健康医疗(26.6%)、节能环保(25.9%)及农业(24.8%)是科技工作者选择创业相对比较活跃的领域。

三是团队创业是科技工作者创业的首选方式。无论是对于已创业的科技工作者,还是有创业意向的科技工作者,团队创业都是首选的创业方式。调查显

示，57.2% 已创业、60.6% 有意愿和46.7% 有计划创业的科技工作者选择团队创业，21.8% 已创业、24.0% 有意愿和26.9% 有计划创业的科技工作者选择个人创业，还有一些科技工作者选择加盟或家庭创业的方式参与创业活动。

二、年龄、性别和政策知晓度影响创业意愿，所处环境创新创业氛围影响实际创业行动

一是青年和男性创业意愿更高。①青年科技工作者更具创新创业潜力。调查显示，30 岁以下科技工作者有创业意愿的比例最高，为 57.9%；其次是30～39 岁的科技工作者，有创业意愿的比例为 55.2%；而 50 岁以上的科技工作者有创业意愿的比例最低，为 34.4%。②男性科技工作者创新创业活力高于女性，男性科技工作者已创业、有创业规划和有创业意愿的比例之和（64.6%）远高于女性（55.9%），女性不想创业的比例（44.1%）相对男性（35.4%）较高。

二是对创新政策越了解的科技工作者创新创业意愿越高。调查显示，5.7% 的科技工作者对"双创"政策非常了解，43.5% 有所了解。通过比较不同状态的科技工作者对"双创"政策的了解情况发现，科技工作者对"双创"政策的了解程度越高，创新创业意愿越强。不想创业、有创业意愿、有创业规划和已创业的科技工作者对"双创"政策表示了解的比例依次为 42.5%、51.7%、67.0% 和 71.4%。

三是所处环境的创业氛围越浓厚，实际创业行为越活跃。调查显示，对于已创业的科技工作者来说，86.6% 的人认为所在城市或者地区已形成创新创业氛围，75.1% 的人认为所在单位已形成创新创业氛围，明显高于全体受调查者中认为所处地区和单位已形成创新创业氛围的比例（73.8%，46.8%）。单位已经建设和计划建设众创空间的比例越高，科技工作者创业意愿也越高，不想创业、有创业意愿、有创业规划和已创业科技工作者所在单位已经和计划建设众创空间的比例分别为 31.1%、45.1%、56.7% 和 62.5%。

四是非公有制企业的科技工作者实际创业比例更高。调查显示，创业意愿在不同属性的单位之间无明显差异，非公有制企业科技工作者有创新创业意愿的占 53.3%，事业单位和公有制企业的这一比例分别为 49.3% 和 54.6%。但非

公有制企业科技工作者实际创业的比例（4.4%）显著高于事业单位（1.4%）和公有制企业（1.2%）。访谈中，多数高校和科研院所的科技工作者认为"按照党政机关的管理方式管理事业单位，对大学和科研院所等学术机构干预过多"，特别是对副处级以上干部在企业兼职管理较为严格，使得担任领导职务的科技工作者实施创业行动时心存顾虑。

三、应加大创新创业政策落实力度，有针对性地激发科技工作者创业热情

一是多渠道引导、激励、支持广大青年科技工作者投身创新创业实践。联合相关单位和新闻媒体，邀请创业先锋、成功人士等开展对话活动，吸引青年积极参与。整合各级各类社会培训资源，采用导师化培训模式、成功人士介绍经验及现场参观学习等方式，加强对各类青年科技工作者创业团体的培训。举办创新创业者、企业家、投资人和专家学者共同参与的创新创业沙龙、创新创业大讲堂、创新创业训练营等活动，搭建项目、人才、资金对接平台，促进创新成果转化，降低青年科技工作者创业风险和创业成本。

二是加大力度扶持具有显著特色的、高知识和高技术水平领域的创业项目。积极引导各类创新创业主体，尤其是青年科技创新者，以及创新创业活动向高端产业领域、产业链高端环节和高端业态集中，鼓励各类创新创业主体聚焦信息、科技等生产性服务业，节能环保、新一代信息技术、生物等战略性新兴产业，以及文化创意等高端产业领域开展创新创业活动，推进电子商务、互联网教育、互联网金融等业态发展，引导科技工作者在高新技术产业创新创业。

三是抓好创新创业政策落实，解除科技工作者后顾之忧。及时对创业优惠政策进行宣传和解读，为科技工作者充分享受创新创业优惠政策提供咨询服务。加强对地方创新创业政策落实监督考核，鼓励单位制定配套措施，形成常态化机制，消除科技工作者的疑虑。

课题组成员：邓大胜　张明妍　史　慧　李　慷　高卉杰

科技工作者对离岗创业有后顾之忧

据统计，发达国家中小高新技术企业创业的失败率高达70%。调研中，科技工作者也反映"十家创业公司，七个倒，一个活，还有两个半死不活"。除了常规经营风险，科技创业还往往面临研发落地难、产品更迭快、技术转化不确定性等特殊风险。此外，我国科技工作者还可能受制于单位、身份等属性约束，从而对创新创业产生顾虑。

一、科技工作者离岗创业多有顾虑

一是岗位权益顾虑。很多单位对离岗创业人员的社会保险、档案等人事规定还不明确，个别地方将离岗创业按"吃空饷""在编不在岗"处理。科技工作者对于现有岗位主要有三方面顾虑：担心离岗创业后岗位不再保留（65.3%）；担心离岗创业影响职称职务晋升（45.5%）；担心离岗创业后相关岗位待遇会降低（43.6%）。

二是收益获取顾虑。来自科技部的统计显示，2014年全国5100家大专院校和科研院所每年完成科研成果3万项，但能转化并批量生产的仅有20%，形成产业规模的仅有5%，这与发达国家70%～80%的成果转化率相去甚远。为了调动高校、科研院所科研人员积极性，促进成果转化，我国实施了科技成果使用权、处置权和收益权的三权改革。大多数高校和科研院所科研人员认为其所在单位实行的三权改革的效果一般（52.7%）；科研团队进行成果转化可获取的收益比例平均为37.8%，仅30.1%的科研人员反映成果转化收益达到了"不低于50%"的改革目标。

三是绩效考评顾虑。科技工作者的评价导向多与论文挂钩，很少考量参与科技成果转化等创新创业活动的绩效。关于绩效考评的突出问题，57.6% 的科技工作者认为"论文要求是硬杠杠"，其中高校和科研院所这一比例分别为 74.4% 和 61.7%；53% 科技工作者认为"考核评价标准过于单一，对不同岗位缺乏分类评价"。仅有 35.5% 的科技工作者反映所在单位有针对科技工作者的分类评价制度。

四是违规违法顾虑。调查显示，来自高校和科研院所的科技工作者分别有 69.9% 和 64.8% 反映"按照党政机关的管理方式管理事业单位，对大学和科研院所等学术机构干预过多"问题突出。特别是对高校和科研院所副处级以上干部在企业兼职严格控制，许多担任行政领导的科技工作者对转化科技成果失去兴趣，唯恐陷入"国有资产流失"的雷池。

五是资金不足顾虑。创业初期，科技工作者普遍面临融资困境，73.9% 的科技工作者反映缺乏资金、融资难是创业的主要阻力，89.8% 的科技工作者表示没有享受过小额担保贷款及贴息。此外，科技工作者普遍担心经营中因短期现金流断裂陷入财务困境，49.0% 的创业者认为资金流断裂是创业过程中可能面临的主要风险，36.7% 的创业者会因为资金流断裂而退出创业。

二、除常规的经营管理风险，科技工作者创业还面临技术与政策风险

一是成果转化风险。从科技成果到商品化、产业化的过程通常并非一帆风顺，产品与市场需求脱节情况时有发生。美国布兹·艾伦·汉密尔顿公司根据 51 家公司的经验，归纳出新产品设想衰退曲线：从新产品的设想到产业化成功，平均每 40 项新产品设想约有 14 项能通过筛选进入经营效益分析；符合有利可图的条件，得以进入实体开发设计的只有 12 项；经试验成功的只有 2 项；最后能通过试销和上市而进入市场的只有 1 项。调查中，59.5% 的科技工作者反映在科技成果转化过程中科技成果与市场需求脱节是最主要的问题，30.4% 的科技工作者反映在初创阶段遇到过技术无法实现应用的问题。

二是产品更新滞后或技术流失风险。随着科技发展和社会进步，市场需

求日趋多样，科技产品生命周期明显缩短，更新换代频率高，创新产品极易被更新的技术产品所替代。此外，由于技术凝结在产品性能中，随着产品投入市场，技术信息也会更容易被其他企业模仿。技术流失现象在高技术领域最为严重，据统计资料显示，信息技术产业技术流失比例从 1999 年的 45.2% 剧增至 2006 年的 87.5%。

三是创业环境风险。主要表现在两个方面：一方面，科技工作者对于创新创业政策了解不足。仅有 48.8% 的科技工作者表示对国家加大高新技术企业扶持政策有所了解，32.6% 的科技工作者了解国家支持创业担保贷款政策，27.6% 的科技工作者了解拓宽创业融资渠道的政策，37.4% 的科技工作者了解科研基础设施等向社会开放的政策；另一方面，"双创"支撑平台对科技工作者创新创业的支撑服务不足。实地调研发现，近几年众创空间如雨后春笋般迅速成长起来，一些地区把建设众创空间作为硬指标，或者通过政策优惠强行推出一些成长性较差、功能性较低的众创空间，使众创空间等"双创"支撑平台的门庭冷清与科技工作者创新创业的刚性需求呈鲜明对比，有人甚至用"巢比蛋多"来形容当前的情况。调查显示，仅有 20.2% 的科技工作者认为"双创"支撑平台的专业服务能力很强，17.9% 的科技工作者认为"双创"支撑平台服务链条完整性较高，15.7% 认为创新创业场所经营活力较高，13.8% 认为创新创业场所经营成效较高。当前，创客空间更多是为创业者提供物理空间，而在创业服务等软环境建设方面，还有很大的提升空间。

三、应从体制、机制、法制多方发力，帮助科技工作者消除顾虑、化解风险

一是加强科技工作者创新创业政策宣传解读与落实，解除科技工作者后顾之忧。搭建创新创业政策宣传服务平台，方便科技工作者高效快捷查询相关信息，及时对创业优惠政策进行宣传和解读，为科技工作者充分享受创新创业优惠政策提供咨询服务。加强各地方创新创业政策落实监督考核，鼓励单位制定配套措施，形成常态化机制，消除科技工作者的疑虑。

二是营造宽松创新创业环境，鼓励合作式创新。为科技工作者营造鼓励探索、宽容失败的宽松环境，完善科技工作者创新创业的试错容错机制。从促进技术转移转化向合作式创新转变，以科技成果转化收益权政策为突破口，鼓励科技工作者以技术入股方式参与创新创业，推动技术资本化，真正让科技人员依靠科技致富，全面激发高校、科研院所和国有企业科技人员创新创业的积极性。建立科学合理的科技工作者评价机制，将科技成果转化从"可"或"应该"纳入绩效考核指标转变为明确纳入绩效考核指标体系中。

三是发展科技保险业，完善资金支撑互助体系，分摊企业研发风险。发挥科技保险经济"减震器"和社会"稳定器"作用，鼓励创业企业购买科技保险来降低企业的技术研发风险。加强政府在高校和科研机构科技工作者的创业活动中的资金扶持，通过建立非营利性科技企业发展促进基金会、种子基金等地方政府主导的基金为科技创业提供资金；建立创业企业之间资金互助保障平台，用于企业成长发展阶段资金链断裂时相互之间的帮助。

课题组成员：邓大胜　张明妍　史　慧　李　慷　高卉杰

科技工作者对助力东北地区振兴的认识和判断

在中国科协服务东北地区振兴调研任务下达后，创新战略研究院快速响应，在2019年5月下旬依托全国科技工作者调查站点执行的"国家中长期科技发展规划纲要评估"问卷调查中补充有关东北地区振兴的相关问题。调查问卷主要聚焦东北地区人才队伍建设，科技工作者对近年来支持东北地区振兴、人才发展等相关政策的评价及对振兴东北地区的信心等方面。现将本次调查的主要发现和结论报告如下。

一、调查数据说明

问卷调查于2019年5月28日至6月5日进行，主要依托全国科技工作者调查站点体系，面向黑龙江省、吉林省、辽宁省东北三省科技工作者，共完成有效问卷1627份，涵盖科研院所、高校、企业、医疗卫生机构和县域基层单位的科技工作者群体。调查采用随机抽样方法选取样本。在调查实施过程中，严格遵循社会调查规范，保证了调查的科学性、客观性和准确性。

调查的样本分布基本合理。参与调查的科技工作者男女比例基本相当，平均年龄为36.1岁，30岁以下占23.5%，30～39岁占45.1%，40～49岁占23.4%，50岁以上占8.1%；从最高学历看，大专及以下占8.7%，本科占41.4%，硕士占34.6%，博士占15.3%；从职称来看，无职称占21.0%，初级占15.2%，中级占32.9%，副高级占23.1%，正高级占7.7%；从科技工作者所在单位类型看，科研院所占20.1%，高等院校占25.3%，中学/中专占5.3%，医疗卫生机构占17.1%，技术推广与服务组织占3.9%，大型企业占18.9%，中小企业占 9.3%；从科技工作者职业分类看，工程技术人员占 28.4%，卫生技术人员占 17.6%，科学研究人员占 7.2%，大学教师占 17.6%，中学教师占 5.5%，技术推广人员占 5.9%，科教辅助人员占 7.0%，科技管理人员占 10.9%。

二、调查主要发现

（一）东北地区科技工作者流动意愿较高，地区人才吸引力不足问题突出

一是超过半数的东北地区科技工作者存在向其他地区流动的意愿，青年科技工作者及高学历背景的科技工作者尤其突出。调查显示，52.0% 的东北地区科技工作者曾考虑过到其他地区发展。其中，21.2% 的东北地区科技工作者表示 5 年内打算离开。从年龄来看，以 30 岁以下青年科技工作者流动意愿最强，表示 5 年内一定离开的比例为 13.6%，可能离开的占 22.3%，两者合计达 35.9%，显著高于其他年龄段科技工作者。从科技工作者学历背景看，总体呈现出学历越高，流动意愿越高的趋势。博士学历中，有过离开东北地区意向的科技工作者达 63.5%，其次是硕士学历科技工作者，为 58.1%，这两类群体流动意愿远高于其他学历的科技工作者。在不同职业群体中，高校教师的流动意愿也略高于工程技术人员、卫生技术人员、科研人员等其他群体，为 57.9%。

二是除了个人职业发展相关因素，创新环境与经济环境是影响科技工作者流动的主要外因。从离开东北地区的主要原因看，寻找更好的就业和个人发展机会、更高的收入待遇是前两大主要原因，选择比例分别为 54.3% 和 46.5%，显著高于其他原因的选择比例。另外两个选择率较高的原因还包括"寻求更优的科研创新、创业政策软环境"及"本地经济水平、经济活力相对不佳"，选择比例均为 31.2%，并列第三大原因，且为众多因素中最主要的外部因素。

三是人才吸引力不足，经济、环境因素是制约东北地区人才引进的最大障碍。调查显示，科技工作者认为，"人才向外地区流失率高，人才总量不足"和"人才吸引力不够"是东北地区振兴在人才队伍建设上面临的前两大主要问

题，选择比例分别为 56.1% 和 47.6%。其中，辽宁省的科技工作者认为"人才向省外地区流失率高，人才总量不足"的比例（60.6%）高于吉林省（54.3%）和黑龙江省（51.6%）两地。面对东北地区的人才流失现状，对于人才引进面临的最大障碍，40.0% 的本地区科技工作者认为是"地方经济、环境无法吸引人才"，显著高于"无法满足人才对待遇的要求"（26.9%）、"缺少有效的政策支持"（11.1%）和"缺少有效的人才评价和选用机制"（10.9%）。

（二）科技工作者对本地区现有人才政策评价一般，政策调整需求较强

一是科技工作者对现有人才政策实施的总体效果评价不高，三地科技工作者评价略有差异。对于本地区现有人才政策（人才优惠、引才用才政策）实施总体效果，46.8% 的科技工作者认为效果一般，18.9% 认为效果不太好，12.2% 认为效果很不好，认为效果"非常好"和"比较好"的仅占 14.5%。其中，3个省份中黑龙江省的科技工作者对政策实施效果评价最低，认为政策效果"不太好"和"很不好"的科技工作者占 34.5%，高于辽宁省 2.4 个百分点，也高于吉林省 8.4 个百分点。

二是人才政策支持作用未充分发挥，中学教师对现有人才政策对个人发展作用的肯定程度最高。对于当前人才政策对个人的发展价值问题，38.7% 的东北地区科技工作者表示作用一般，21.6% 表示"有一定支持作用，但作用不大"，9.8% 表示"根本找不到适合自己的政策"，9.7% 表示"政策约束太多，没法起到作用"，仅 8.7% 表示"可以充分发挥价值"。不同学历、不同职称科技工作者对人才政策的评价差异不大，相对而言，正高级职称科技工作者表示"可以充分发挥价值"的比例略高，为 11.1%。从科技工作者不同职业背景看，中学教师对目前的人才评价政策适用性的肯定程度最高；27.8% 的科技工作者表示目前人才政策"可以充分发挥个人价值"，显著高于其他职业群体，其中仅 1.9% 的科研人员表示目前的政策可以充分发挥个人价值。

三是人才评价等具体政策问题反映较为突出，仍有进一步调整改革的需求。调查显示，对于目前的科研评价、项目申报现状，东北地区的科技工作者

认为"单位限额申报过程中，无法体现公平竞争"（39.0%）是最主要的问题。其次是"对申报单位层次存在歧视，不能公平对待"（28.7%）和"跨学科申报难度太大，不利于学科融合"（28.5%），其中科研院所的科技工作者对限额申报反映最为强烈（45.9%）。对于目前的职称晋升制度中的主要不足，46.6%的科技工作者认为"指标数过于死板，缺少弹性机制"是最主要问题，显著高于"对已晋升人员考核机制太少，缺少必要淘汰机制"（34.8%）、"不能有效体现学科特点，对成果评价、专利转化等一刀切"（33.9%）、"不同岗位的差异化评审机制不完善"（33.2%）等。其中，科研人员和大学教师对指标限制问题反映最多，选择比例分别是59.6%和55.9%，显著高于其他职业群体。

（三）创新软硬环境有所改善，但科技工作者对实现东北地区振兴的信心仍有提升空间

一是科技工作者对软硬条件多方面变化持正面评价，但对收入水平提升的评价相对较差。调查显示，"振兴东北"等一系列支持政策实施以来，对于近3年涉及创新软硬环境、科技体制机制等7个方面的变化情况，科技工作者评价相对最高的是"基础设施和科研条件"，表示"好很多"和"好一些"的共55.5%，正面评价相对最低的是"科研人员收入水平"，表示"好很多"和"好一些"的合计44.0%，未超过五成。其他方面按正面评价比例从高到低排列依次是"科研经费管理"（51.3%）、"科技人才评价"（51.2%）、"创新创业环境"（50.8%）、"青年人才成长环境"（50.4%）、"科技成果转化和推广"（49.7%）及"科研人员收入水平"（44.0%）。从7个不同方面的比较来看，有五大方面表示肯定的选择比例超过了五成，表明"振兴东北"政策自实施以来，在多数创新软硬环境和科技管理体制机制方面有所改观。

二是半数科技工作者对于振兴东北持乐观态度，部分群体信心偏低。对于产业转型和实现东北地区振兴的信心，14.7%的科技工作者表示"非常有信心"，36.1%表示"比较有信心"，两者合计50.8%。值得注意的是，在不同学历背景的科技工作者中，博士学历科技工作者表示有信心的比例相对偏低，仅39.8%表示有信心，显著低于其他学历群体；在不同职业群体的科技工

作者中，科研人员和工程技术人员表示有信心的比例较低，分别为 45.2% 和
46.0%，显著低于其他职业群体，中学教师群体信心率相对最高，达 68.4%。
因此，提振科技工作者对实现东北地区振兴的信心仍有较大空间。

（四）企业与学会合作程度和广度尚有较大提升空间

一是企业与学会合作情况并不理想。调查针对东北地区企业科技工作者设
置了关于产学合作的调查问题，科技工作者表示，所在企业与学会开展技术合
作或共建产业技术联盟频率较低，18.7% 表示"合作较少"，6.5% 表示"基本
没有"，38.8% 表示"一般"，15.8% 表示"合作较多"，另有 20.1% "不知道"。

二是技术升级改造和人员技能培训是东北地区企业技术创新的主需求，
或可成为学会服务企业着力点。对于企业在技术创新方面的主要需求，东北
地区科技工作者选择比例最多的是"技术升级改造"（48.5%）和"人员技能
培训"（41.1%），其他需求按选择比例排序依次是"拓展产学研技术交流合
作"（32.3%）、"引入科研成果进行转化"（27.1%）、"企业技术研发平台建设"
（26.4%）、"专家入企技术指导或建工作站共同研发"（26.0%）及"相关产业
技术联盟组织建设"（5.6%）。

三、政策建议

一是改善创新文化环境，加强正面宣传引导，提振东北地区科技工作者信
心。根据东北地区的产业基础，加强国家科技平台设施、国家实验室建设等在
东北地区的布局，搭建能够发挥人才作用的产业、科研等平台，要依托产业集
群效应拓展人才成长空间；推动更多的国际学术交流等资源落地东北地区，为
想干事愿创业的科技人才提供更有利的事业平台。靠产业凝聚人才，靠事业成
就人才，靠感情引导人才，靠制度留住人才。"信心比黄金更重要"，针对东
北地区科技工作者信心总体不高的现象，要在科技界加强正面舆论宣传，不过
分夸大东北地区目前发展面临的问题，形成对人才政策、投资环境政策的正面
舆论导向。

　　二是推动东北地区政策进一步调试，促进现有政策落地生效。鉴于科技工作者对东北地区近 3 年相关政策实施效果的满意度仍有很大的提升空间，建议继续全面深化科技体制改革，促进科研经费管理、以增加知识价值为导向的收入分配等政策在东北地区落地生效。利用东北地区现有平台，比如创新自贸区、创新改革示范区等，允许大胆改革实验，对一些特殊人才优惠政策等进行试验，建立人才政策特区，待有成效后再全面向东北地区推广。

　　三是主动面向企业需求提供服务，组织动员科协所属学会服务东北地区产业转型升级。有效调动全国学会和科技志愿队伍的积极性、主动性，把全国学会的资源引入、服务东北地区振兴，搭建好服务高质量发展的问题库、项目库和人才库。不仅要请院士、科学家走到企业中去，也要请产业界的人到重点实验室、研发平台参观、交流，在沟通中碰撞，同时搭建科技志愿者服务平台，为科研人员和地方企业牵线搭桥，助力企业破解技术难题，推动产业升级。面对新一轮科技革命和产业变革，调动中国科协科技志愿者队伍发挥作用，通过人才培训、技术咨询等方式为东北地区数字经济发展、实体经济振兴提供服务。

课题组成员： 徐　婕　邓大胜　李　慷　韩晋芳　黄　辰　张　静　于巧玲
　　　　　　　薛双静　张明妍　胡林元

为老科技工作者服务科技强国建设积极创造条件

　　2017 年，中国老科协开展第二次全国老科技工作者状况调查。调查报告提出要充分认识老科技工作者队伍的重要价值、在政策实施中充分考虑该群体的特殊性、关注他们的生活便利问题、加强各级党委政府对老科协的支持力度4 条建议，受到有关部门的重视。

　　据不完全统计，我国目前有 1600 万老科技工作者，约占全国科技工作者总量的 20%，是我国重要的人力资源和智力资源。老科技工作者队伍政治稳定、门类齐全、技术精湛、具有高度爱国敬业精神。他们长期奋斗在各条战线，积累了丰富实践经验，为国家科技进步、经济社会发展做出了重要贡献，是党和国家的宝贵财富。

一、老科技工作者是科技界建设新时代不可或缺的重要力量

　　一是老科技工作者饱含浓厚爱国主义情怀，政治素养较高。党的十九大召开后，中国科协组织了科技工作者党的十九大反响情况快速调查。结果显示，60 岁以上科技工作者中 88.4% 关注党的十九大，84.1% 收看或收听了十九大开幕会现场直播，收看率高于 30 岁以下青年科技工作者（79.2%）。在全国老科技工作者状况调查座谈会上，老科技工作者们纷纷表示，坚定拥护以习近平同志为核心的党中央，将进一步深入学习习近平新时代中国特色社会主义思想，相信在新一届中央领导集体的带领下，一定能实现中华民族伟大复兴中国梦。调查显示，92.7% 的老科技工作者关注国家政策，90.9% 对我国实现世界科技

强国的目标充满信心，82.7% 愿意参加党组织活动，77.7% 愿意参加政治理论学习。不少老科技工作者带病坚持参加党组织活动，近三成健康状态不佳的老科技工作者每年坚持参加 5 次以上。

二是心系科技事业，期待释放余热。老科技工作者的聪明才智并没有因退休而消减。他们关心科技事业发展，希望能更展所长，继续为创新型国家建设提供智力支持。92.9% 的老科技工作者希望继续发挥作用，为国家科技事业发展贡献力量。他们愿意通过科普宣传（36.1%）、建言献策（31.0%）、技术咨询（26.5%）、教育培训（26.2%）等多种形式释放余热。据调查，近七成老科技工作者愿意参加"中国老科协科学报告团"，到企业、农村、社区、学校等传播科学知识和技术。

三是投身科普事业，成为科普宣教的"生力军"和青少年的"引路人"。2016 年，40.1% 的老科技工作者参加过科普讲座或培训，38.8% 为科普场馆提供过服务。广西壮族自治区近 500 位老科技工作者组成了科普宣讲团，受益群众近 300 万人次；陕西省开展"科技之春"宣传月活动多年以来，6 万人次老科技工作者参与了科普宣传，是科普宣教的"生力军"，受益群众逾百万人次。广州大学老科技工作者组成的"科技辅导团"8 年间在 200 余所中小学组织了科技活动，宣讲科学精神和科技知识，成为青少年追求科学梦想的"引路人"。

四是服务"三农"和企业，助力创新驱动发展。2016 年，35.2% 的老科技工作者参加了科技下乡，深入基层开展农业科技推广等活动。新疆维吾尔自治区老科协先后组织 50 余位老科技工作者 10 次深入南北疆，深入村户检查指导农村沼气建设，帮助农村家庭开启养殖型沼气生态模式。吉林省老科技工作者们解决了上百个蔬菜生产技术难题，推广了 50 余个名优特尖蔬菜新品种，直接跟踪指导 100 余户菜农科学种菜。2016 年，43.1% 的老科技工作者为企业创新发展提供咨询建议。天津市老科技工作者组成的咨询委员会服务了上百家企业，为企业搭建了产学研合作平台，帮助企业进行知识产权质押贷款和知识产权保护，为企业争取了近亿元市级和国家级财政支持。

五是发挥经验优势建言献策，强化社会担当。老科技工作者的社会参与意愿较强，69.0% 愿意参与国家或地方的公共事务管理，自觉担当社会责任，敢于仗义执言，遇到错误科技信息时 51.3% 会向周围人澄清错误，30.9% 向相关管理部门反映问题。2016 年，33.5% 的老科技工作者利用专业知识为政府部门提供决策咨询。福建省老科技工作者积极开展调研建言，先后向福建省委省政府呈送 20 份调研报告，部分建议被纳入福建省人大常委会颁布的条例中。

二、老科技工作者期待鼓励"老有所为"的政策、适老宜居的环境和学习交流的机会

一是发挥作用的政策环境尚待完善。当前，国家在建设老年宜居环境、发展老年教育等方面出台了一些政策文件，但指导和扶持老科技工作者继续发挥作用的政策相对缺失。调研发现，45.0% 的老科技工作者希望相关部门出台相应政策扶持老科技工作者继续发挥作用，期待政策制定充分考虑群体特殊性。部分具有高级专业技术职称的老科技工作者退休前兼任副处级及以上的行政职务，按照相关规定要求，他们在社会团体兼职时不得领取任何报酬和补贴，在参与社会公益事业时需自己支付交通费、通信费、误餐费等基本工作费用。调研中，27.9% 的老科技工作者希望能报销必要的交通等费用。

二是适老宜居环境有待建设。调研发现，近三成老科技工作者不满意当前的居住条件。41.1% 的老科技工作者认为社区配套资源缺乏是生活中遇到的最大困难，住宅适老化程度较低增大了出行困难。目前，居家养老是老科技工作者最主要的养老方式（92.3%），但住宅适老化程度仍较低，95.6% 的老科技工作者居住在楼房里，87.1% 居住在二楼及以上楼层，62.3% 居住的楼房内没有电梯。

三是期待多样化的学习需求得到满足。91.7% 的老科技工作者希望继续学习，科普工作者的学习意愿最为强烈，占比达 95.2%。从学习方式来看，老科技工作者最期待获得参观学习机会（54.0%），其次是定期举办专题讲座和培训（40.2%）。49.9% 的老科技工作者期待为他们提供交流、学习的机会，这也是老科技工作者对老科协的最大诉求。86.0% 的老科技工作者希望参与中国老科协组织的"老科协学堂"，但有 31.3% 的老科技工作者表示没有任何学习

交流的途径和机会。天津市老科技工作者协会某副会长表示，天津市现有的老年教育机构远远不能满足老科技工作者的学习需要，应充分发挥老科协人才荟萃、专业齐全等优势，兴办老年科技培训中心，满足多样化需求。

三、破解老有所为的难题，凝聚老科技工作者的强大力量

一是充分认识老科技工作者队伍的重要价值。鼓励各地将老科技工作者纳入人才队伍建设总体规划，让老科技工作者退休不退业，歇脚不松劲。鼓励专业技术领域人才延长工作年限。在转变发展方式、调整经济结构、推动科技进步、保障和改善民生等多项工作中邀请老科技工作者建言献策，充分发挥他们的专业优势，汲取他们的经验智慧。

二是在政策实施中充分考虑老科技工作者群体的特殊性。老科协是退（离）休老科技工作者组成的群众组织，是老科技工作者之家。老科协的工作性质、服务对象等都具有一定的特殊性，对于原则上确有特殊需要的，在政策实施中建议适当放宽相应条件。例如，2016年，基于多地老科协在贯彻落实《中共中央组织部关于规范退（离）休领导干部在社会团体兼职问题的通知》中遇到的具体困难，中组部听取中国老科协的意见，对具有院士或高级技术职称的领导干部在老科协兼职年龄界限放宽到75周岁。座谈会上，老科技工作者纷纷对该政策表示赞同，希望各地能切实落实这项政策。目前，针对热心参与社会公益事业的老科技工作者需自己垫付工作经费的问题，建议加强经费支持，为老科技工作者支付交通费、通信费、误餐费等基本工作经费。

三是支持住宅适老化改造，关注老科技工作者生活便利问题。继续推进老楼加装电梯工作，制定适应老楼加装电梯的地方标准，实行政府补贴与受益者付费结合的资金筹措机制，支持有实力的企业参与加装电梯的投资、建设和管理。加快社区配套设施规划建设，同步建设涉老公共服务设施，增强老年人生活的便利性。

四是加强各级党委政府对老科协的支持力度。深入贯彻落实中国科协、科技部、人力资源和社会保障部联合印发的《关于进一步加强和改进老科技工作

者协会工作的意见》，充分发挥各级老科协等社团组织凝聚老科技工作者的桥梁纽带作用，推动各地党委政府帮助基层老科协解决缺少办公场所、缺少经费等实际工作困难和问题，支持办好"老科技工作者之家"和"老院士之家"，切实增强基层老科协组织的活力和社会服务能力。

课题组成员： 陈　锐　邓大胜　李　慷　史　慧　张　丽　于巧玲　薛双静
　　　　　　　张艳欣

老科学技术工作者家庭照护问题研究

　　老科技工作者是专业知识和工作经验丰富的人群，是国家宝贵的人力资源，即便在退休之后，许多老科技工作者仍然通过各种途径和方式为国家和社会做出了重要贡献。而作为老年人，老科技工作者的居家护理是工作和生活的保障。研究老科技工作者的居家护理问题，对于改善老科技工作者的生活质量和身体状况，使他们能更好地发挥余热具有重要的意义。为此，中国老科协创新发展研究中心会同人力资源和社会保障部劳动科学研究所，成立了"老科学技术工作者家庭照护问题研究"课题组，通过文献分析、问卷调查、实地调研和专家研讨等方法，针对老科技工作者的家庭照护问题进行了研究。现予编发，供参阅。

　　在我国人口老龄化日益严峻的大背景下，为老科技工作者提供有力的家庭照护保障意义重大，不仅能够使老科技工作者安享晚年生活，而且可以更好地发挥老科技工作者的智力优势，奖励和补偿老科技工作者的重要贡献和努力付出，在全社会形成尊重科学价值的良好氛围。

一、老科技工作者家庭照护问题的普遍性与特殊性

　　家庭照护是当前我国老龄群体所普遍面临的一个共性问题，同时，由于老科技工作者自身的职业特征，这一问题呈现出显著的特殊性。

（一）"三化并存"与"三化叠加"背景下的共性问题

　　我国人口发展呈现出老龄化、高龄化、独居化"三化并存"的阶段特征和家庭规模小型化、家庭结构核心化、养老功能脆弱化"三化叠加"的总体趋

势。根据民政部发布的《2015年社会服务发展统计公报》显示，截至2015年年底，中国60岁以上老年人为2.2亿人，占总人口的16.1%，随着人口预期寿命的增加，中国人口老龄化还伴随着高龄化的特点，80岁及以上的高龄老人约为2518万人，占整个老年人口的11.3%。家庭结构与规模逐渐趋于小型化与核心化，独居老人与空巢老人的数量随之增加，根据国家卫生和计划生育委员会发布的《中国家庭发展报告（2015）》显示，中国空巢老人占老年人总数的一半，其中独居老人占老年人总数的近10%，只与配偶居住的老年人占41.9%。养老已成为全社会共同关注的问题。

从世界范围来看，普遍趋势都是将居家养老摆在突出位置，并通过立法建制、监督管理、加强投入等措施，确保服务的有效供给。我国也已初步建立起"以居家养老为基础，以社区为依托，以机构养老为补充"的老年社会服务体系，居家养老成为我国养老服务中最为主要的推广模式，家庭照护则是居家养老服务中的重要内容。

（二）老科技工作者家庭照护呈现"三高"特征

老科技工作者在家庭照护方面具有一些差异化特征和特殊性诉求。一是从退休后情况来看，老科技工作者的"余热利用率"较高。我国退休年龄相对较早，很多老科技工作者在超过法定退休年龄后仍继续发挥余热。问卷调查显示，72.2%的老科技工作者退休后仍然通过各种方式继续工作。二是从家庭保障方面来看，老科技工作者的"空巢率"较高。老科技工作者的子女出国或在异地工作的比重较高，"空巢化"问题更加突出。调查显示，老科技工作者独居或仅与配偶同住的比重高达70.6%，高于老龄人口总体水平。三是从照护需求方面来看，精神文化与科研辅助方面的需求，即"高层次需求率"较高。除了生活照料（35.0%）、医疗康复（37.5%）等方面的需求，老科技工作者的精神文化需求也较高（39.8%），部分人还有科研辅助等工作需求（14.3%）。

综上所述，老科技工作者与其他老年人相比对家庭照护的需求量更高，对照护服务层次和质量的要求也更高，在老科技工作者身上所反映的问题也是老年家庭照护问题的集中体现。研究老科技工作者的家庭照护问题，既有关爱老科技工作者的特殊意义，又有完善整个老年家庭照护体系的普遍意义。

二、老科技工作者家庭照护供给的难点

通过对老科技工作者家庭照护情况的调查发现，尽管老科技工作者家庭照护需求较高，但只有 16.7% 的人实际雇用了家庭照护服务人员，原因主要是对服务价格（22.3%）、服务人员（25.8%）或服务质量（10.1%）不满意。已接受家庭照护服务的老科技工作者，对服务的总体满意度较低，仅有 39.1%。由此可见，我国当前家庭照护的服务供给还存在一些问题。

（一）政策体系对家庭照护服务领域"供血不足"

20 世纪 80 年代以来，我国养老服务的法律和政策体系日益完善，但仍难满足需求。一是政策的支持力度不够。调查中，一些家庭服务企业认为，针对家庭服务行业的政策倾斜不够，规模化、产业化、社会化的政策引导不足，对于业态、项目和经营方式的创新支持资金不足，处理消费者、经营者和服务人员三方权责纠纷的法律依据缺乏。二是政策碎片化问题突出。社区居家养老的管理隶属于民政部门，家庭服务业则涉及人力资源和社会保障部、国家发展和改革委员会、财政部、商务部、民政部、工会、共青团、妇联等部门和组织，实际家庭照护服务供给又与食品安全、医疗卫生、市场监管及财政税务等部门息息相关，当前各部门之间缺乏有效的沟通协调机制，导致政策衔接性较差。三是原则性规定多，操作性措施少，部分政策落实不到位。当前很多老年照护法律和政策仍然是一些原则硬性规定，缺少对现实问题的针对性政策，操作性不强，一些政策由于缺乏可操作性仍然只停留在纸面上，政策执行监督检查机制尚未建立，政策落实难、执行不到位的情况还不同程度存在。

（二）家庭服务市场自身存在"发育不良"问题

一是产业规模小、有效供给不足、服务质量不高。市场主体发育不充分，实力强、影响大的大企业少，全国规模以上家庭服务企业仅有千余家，其中

大型企业不足 340 家，供需不匹配，特别是养老服务、家政服务等存在较大缺口。二是行业规范化建设有待加强。市场管理不够规范，行业标准缺失，职业资格管理混乱，老年人难以对服务进行有效甄别。服务质量参差不齐，存在乱收费现象，并且缺乏后续跟踪和反馈，监督机制和信用体系不健全，行业诚信问题突出。三是职业化水平有待提高。家庭服务从业人员整体素质不高，职业认同感低，行业对高学历、高技能人才缺乏吸引力，服务质量难以满足社会需求。职业技能培训缺位，相当比重的从业人员上岗前没有接受过培训或者仅接受简单的培训。专业人才培养滞后，缺乏职业标准和职业规范，高水平的专业家庭照护服务人员往往"一将难求"。四是家庭照护服务价格难以负担。当前的养老服务面临着从单位包办到社会化供给的变化，特别是较早参加工作的老年人，在"低工资、高福利"的制度下，未能积累足够的养老储蓄。而当前家庭服务市场价格不断增长，在北京市及上海市等地区，雇用一个初级水平的居家养老护理员每月至少需要 3000 元，中级则要 4000 元以上。即使是老年群体中收入相对较高的老科技工作者，也难以负担这一支出。

此外，家庭在养老照护体系中出现"角色缺位"，随着社会转型的不断加剧，家庭的养老功能逐渐外移，不断弱化，依靠子女进行家庭照护的传统模式越来越难以为继。

三、老科技工作者家庭照护的对策建议

政府部门应该进一步加强制度建设，并注重发挥老科协、原工作单位的作用，对接优秀养老服务企业、社会组织等各方面资源，构建党委政府主导、有关部门协心、协会协同联系、社会组织积极参与的多元照护体系，为老科技工作者开展家庭照护服务，不断提升服务水平。

第一，完善政策，加强对老科技工作者家庭照护问题的重视。一是老科技工作者家庭照护服务水平的提升需要依托于整个养老服务体系的完善，国家应尽快加强相关立法，出台有效政策，完善服务体系，形成多支柱的支持服务模式。二是在相关政策中强化对老科技工作者家庭照护问题的重视，国家在鼓励

老科技工作者继续发挥作用的同时，应该在家庭照护的保障方面给予一定政策倾斜。三是鼓励原工作单位为老科技工作者开展关爱行动，制定专门办法，有条件的单位可为老科技工作者提供家庭照护补贴。四是设立家庭照护公共数据库和公共信息平台，充分展现全国和各地区的老科技工作者家庭照护人口总量、需求结构和各地老年服务机构床位等供求大数据，以信息公开披露的方式指导各类主体提高家庭照护供给能力。

第二，多方着力，增加老科技工作者家庭照护服务的供给。一是大力发展养老服务产业，着力深化养老产业"放管服"改革，消除行业发展的制度性障碍，创造行业繁荣发展的制度环境。二是大力发展科技助老，创新服务设施设备，提升服务智能化水平，为包括老科技工作者在内的老年人创造更加舒适的服务条件。三是加强与社会组织的合作，建立时间银行、阶梯式养老（时间储蓄养老）等机制，鼓励高素质的志愿者，为老科技工作者提供家庭照护，尤其是在精神文化层面的服务。

第三，加强专业化服务队伍的培养，打造老科技工作者家庭照护的职业化力量。一是加大专业化服务队伍培训力度，结合老科技工作者的实际需要开展有针对性的培训，制定统一教学大纲和教材，建立一批经主管部门审核认定的社会办学机构，严格认证，并颁发经国家认可的全国通用的资格证书。二是加快职业教育和高等教育中专业设置的研究，在已经设立的专业进一步加大招生力度，把专业化服务队伍招生和培训融入国家教育体系系统中，进行规范化管理。三是在政策、规划和投入中强化专业化服务队伍的建设。坚持政府和市场并重，在投入上采取政府、企业、社会组织、雇主多渠道的方式，推进护理队伍职业的专业职称的评聘体系的制度建设，修订和完善护理队伍国家职业标准。

第四，强化服务，提升老科技工作者家庭照护服务精细化水平。一是加强市场规范化建设，用市场机制和政策手段相结合，制定家政服务机构资质规范，引导行业规范化发展。二是加快推进老年家庭照护重点服务项目的标准制定，强化标准的贯彻落实。三是加强对老科技工作者家庭照护服务状况的调查和研究，开展 5 ~ 10 年的跟踪调查，动态掌握不同年龄区段老科技工作者家庭照护需求的变化。四是根据老科技工作者的实际需求，在千户百强家庭服务企业中选择一些有能力、有意愿的重点企业，率先开展针对老科技工作者的家庭照护服务。五是鼓励对接企业有针对性地开发老科技工作者家庭照护方面的服务内容，并加强服务人员的专业培训。

第五，加强联系，发挥老科技工作者协会的桥梁纽带作用。一方面，积极发挥老科技工作者协会的组织优势，进一步加强对老科技工作者家庭陪护服务需求的调查研究，凝练其实际诉求，并传达给服务提供部门和政府部门；另一方面，老科技工作者协会可以与家庭服务行业建立合作，完善老科技工作者家庭照护的服务内容、服务体系，搭建各地老科技工作者协会与家庭服务、养老服务等行业协会的制度化沟通与合作渠道，传达老科技工作者的具体服务需求，不断充实老科技工作者家庭陪护的具体内容，健全老科技工作者家庭陪护服务机构的布局和配置，根据老科技工作者的特点和特殊要求制定专门的服务标准。

课题组成员：杨志明　郑东亮　陈　锐　杨　拓　鲍春雷　董　阳

第三篇

科学文化与创新文化领域

激发高校青年科技人才创新动力
亟须深化人才评价激励机制改革

高校青年科技人才已成为创新的生力军。2000 年以来，高校科技人才承担的国家自然科学基金项目数量增长近 5 倍；历年承担的项目数量均超过 45 岁以上科技人才。

高校青年科技人才理想信念坚定，91.7% 的教师赞同"中国共产党是中国特色社会主义事业的领导核心，有能力把自身建设好"；但利益驱动对他们职业发展的影响日益增加。

高校青年科技人才地域失衡现象严重，目前高校中的国家杰出青年科学基金项目获得者，东部地区高水平大学共计 1338 人，校均约 67 人，西部地区高校则仅有 139 人，校均 23 人。

人才计划成为青年科技人才发展的有力通道。据不完全统计，入选"长江学者奖励计划"青年学者项目（"青年长江学者"）的 443 人中有 247 人同时入选国家优秀青年科学基金项目或国家高层次人才特殊支持计划（"万人计划"），重复资助比例高达 55.8%。

党的十八大以来，以习近平同志为核心的党中央对科技人才工作高度重视，围绕创新驱动发展战略，加速科技创新政策的推陈出新，有效激发了科技创新人才活力。2017 年，国务院发布《统筹推进世界一流大学和一流学科建设总体方案》，明确提出建设一流师资队伍的重要任务。高校青年科技人才是"双一流"建设的重点对象和践行高校创新使命的中流砥柱，研究发现，在我国人才政策激励下，这支队伍已成长为国家科技创新的生力军，同时也面临思想政治素质、薪酬机制和人才评价体系等方面问题。

一、高校青年科技人才理想信念坚定，是高校科技创新的主力

一是青年科技人才理想信念教育成效卓著。2017 年教育部高校教师思想政治状况滚动调查显示，高校教师思想政治状况继续保持积极健康向上态势。广大教师对以习近平同志为核心的党中央衷心拥护，充分信赖，对习近平总书记系列重要讲话精神和治国理政新理念新思想新战略高度认同，对中国特色社会主义事业和中华民族伟大复兴充满信心。

二是青年科技人才已成为高校人才队伍主体。2015 年年底我国高校科技人才规模为 97.92 万人；45 岁以下青年科技人才总量 68.13 万人，占 69.58%。我国青年科技人才队伍呈现出"中间大两头小"橄榄形分布特征，31～35 岁科技人才是主体，比例超过 1/3；其次是 36～40 岁年龄段，比例为 27%；位于两头的 41～45 岁、30 岁及以下科技人才各占 1/5。

三是青年科技人才已成为国家科技创新生力军。青年科技人才在国家自然科学基金项目中承担着重要角色。从总立项数看，2000 年以来的 17 年间，高校科技人才承担的国家自然科学基金项目数量增长近 5 倍，其中历年由青年科技人才承担的项目数量均超过 45 岁以上科技人才，增幅（6.44 倍）显著高于45 岁以上科技人才（2.85 倍）。

二、思想政治建设成效不显、"人才帽子"利益攸关、评价指标重量轻质等问题使青年人才难以专注创新

一是思想政治建设工作仍需加强。高校青年科技人才思想政治认同还停留在常识性认同阶段。青年科技人才对政治理论形成常识性认同的较多，理论认同相对较少，达到信仰程度的更少。如青年科技人才对马克思主义理论认知程度较高，但读经典、学原著的普及性不高，对马克思主义经典著作阅读量有限，个别青年科技人才甚至认为政治价值观和学术无关。

职业发展受利益驱动的影响日益加大。随着高校青年人才生活压力的增加，与老一辈的科学家相比，当前的高校青年科技人才更注重个人眼前利益得失，而对社会贡献、理想追求等层面则表现淡漠，职业动机往往流于短平快，学术失范行为时有发生，学术创新意识退居其次。一项对1073名高校青年人才的调查表明：84%的青年人才认为金钱是青年科技人才摆在首位的价值追求和信仰目标。

海归人才的思想引领任务艰巨。调查发现，91.4%的青年人才对国家的发展高度认同并感到自豪，但海归青年人才对促进发展的制度因素和理论机理认同度相对较低，争取入党的积极分子相对较少。有的海归青年教师对政治价值观重要性的自觉意识相对模糊，部分人对思想政治工作存在误解，认为思想政治教育内容"比较空""比较虚"，加强高校人才思想政治工作与言论自由、学术自由存在冲突。另外，海归青年科技人才在与受过同等教育的同窗校友进行比较时，发现生活水平差距大，易产生心理失衡。其中住房依然是海归青年科技人才生活中最困难的问题（占比88.2%），其次是子女上学问题（60.6%）和交通问题（46.2%）。

二是人才结构分布应予重视。高校青年人才区域分布失衡现象严重。西部地区高校青年科技人才在博士学历、职称结构、各类人才计划头衔、国际视野等方面都显著低于东部地区高校，且拔尖人才和骨干青年人才不断流出。以"国家杰出青年科学基金"入选情况为例，自1994年设立以来，西部地区6所985高校共计入选141人，校均24人，远低于东部地区（共计1187人，校均59人）。从目前高校中的国家杰出青年科学基金获得者在校人数来看，东部地区高水平大学共计1338人，校均67人，西部地区高校则仅有139人，校均23人。青年女性科技人才比重已超过男性。2015年我国高校科技人才中，女性规模为48.10万人，男性49.82万人，女性比男性少1.72万人。45岁以上科技人才中女性低于男性20个百分点；而青年科技人才群体中女性比例为53%，已经超过男性。如何帮助女性更好地平衡好家庭与工作值得关注。

三是人才评价机制有待完善。各类人才计划重复资助现象普遍。据不完全统计，在最近遴选的两批"青年长江学者"（443人）中，有247人同时入选国家优秀青年科学基金项目或"万人计划"，重复资助比例高达 55.8%。近 10 年国家杰出青年科学基金获得者约 1930 人，其中 530 多人同时获得"长江学者奖励计划"资助。有的"人才帽子"即便资助和奖励已过时效，仍然可以成为升迁涨薪的敲门砖。部分青年科技人才为了"帽子"难以潜心科研，有了"帽子"又待价而沽，"高层次人才计划"奖励"关键少数"激励"绝大多数"的作用未能完全发挥。"人才帽子"通常与薪资水平关系密切。高校薪酬制度通常将薪酬与科技人才头上的"帽子"捆绑，有的甚至作为唯一评定标准。调查显示，不同类型的"帽子"青年人才的收入高于平均收入的 1.4 ～ 2.7 倍。

"轮流坐庄""论资排辈"的高校科技人才评价方式不利于优秀青年人才脱颖而出。很多高校将人才评价作为确定职称职级和薪酬福利的依据，导致评价过程形式化，评价结果出现"趋中"趋势或"轮流坐庄"等现象，丧失了原本的甄别功能。很多高校的职称晋升机制实行数量配额、"论资排辈"或标准求全责备，造成晋升通道拥堵，相对低标准的"全能型"教师占优，却不利于青年科技人才脱颖而出。

"重量轻质"的人才评价指标拉低学术研究质量。以数量作为主要指标的评价方式使得科技人才为"发文章、拉课题、发著作"疲于奔命，造成学术功利化和学术造假，低水平论文、著作等科研成果泛滥。以专利为例，2017 年我国专利申请量和授权量世界第一，有效发明专利保有量世界第三，但是专利转化率不足 10%，大量专利闲置与评价导向不无关系。

针对青年人才的分类评价制度尚未建立。在对 30 余所不同类型高校的调研中发现，不同层次、类型的高校在办学定位、人才培养目标上不尽相同，但这些差异在科技人才考核评价指标的设计中无明显体现。统一的评价标准忽视了青年科技人才的群体特性，相对较短的评价周期变相鼓励"短平快"式的研究，不利于青年人才潜心科研、厚积薄发。

四是薪酬制度面临管理困境。高校青年科技人才薪酬水平与国内外其他行业相比缺乏竞争力。我国青年科技人才平均年收入为 17.4 万元，仅为美国研究型大学助理教授的 1/3。对不同行业博士毕业 5 年的收入水平比较显示，科研机构为高校的 1.65 倍，商业企业则约为高校的 2.33 倍。

现行薪酬结构容易导致科研活动急功近利。当前高校青年科技人才的薪酬结构中，岗位工资、薪级工资、国家和地方政策津贴补贴等政策保障性薪酬项目的比例仅占 27%，学校政策津贴补贴和其他收入合计占到 73%，且后者通常与各种项目、论文、奖项、人才计划等指标简单挂钩，容易导致科研活动急功近利。

"高薪挖人"成为当前研究型大学的一个乱象。国家岗位基本工资占比不断缩小，学校自主决定的校内津贴占据薪酬的主要部分，使得薪酬水平的校际差异和区域差异凸显，同一学校内院系间的差异也巨大。特色学科与市场、产业或社会需求的远近，决定了院系的财力大小，基础学科、人文学科"创收"困难，收入水平较低。

五是传统"师徒"传承的高校人才培养机制一定程度阻碍了青年科技人才自主创新。高校普遍鼓励青年科技人才融入已有成熟学科方向或团队，通过"传帮带"的传统师徒机制，沿着确定的方向和阶梯式成长路径稳扎稳打。这种机制有助于青年科技人才顺利融入体制，获得发展需要的各种支持，但也导致青年科技人才受制于资源配置和职业发展而倾向于"守成"，牺牲自己感兴趣的方向，难以激发创新创造潜力。全球创新高地英国卡文迪许实验室之所以生生不息，一个重要经验是从来都是让青年科技人才"坐轿子"而非"抬轿子"。高校青年科技人才需要更多脱颖而出的机会，才有可能产生颠覆性创新。

三、深化科技人才评价机制改革，为高校青年科技人才创新创造营造宽松环境

一是在政策服务中加强思想政治引领。加强高校青年科技人才的理想信念教育和师德师风建设，引导他们在实践中知国情、明社情，增强对国家、民族、社会的责任感。在引导海归人才归国的再适应方面，建议把思想引领融入全面的服务中，由中央财政设立青年海归科技人才"普惠型"科研启动基金，为其职业生涯顺利启航提供启动支持；进一步完善青年海归科技人才学术评价和晋升机制；建立资深科技人才与青年海归科技人才结对机制；为青年海归科

技人才提供合理发展预期。

二是统筹"人才工程"，防止"帽子"满天飞。全面梳理各类人才计划，制定各有侧重、互相补充、统一评审的人才计划体系，避免人才计划资助人群过于重叠。制定限项申报机制，如限定每个申请人在同一层次人才计划中，只能申请一项；明确规定人才计划支持期结束后，不再将曾经获得人才计划支持的经历作为资源分配的依据，避免人才计划终身制。

三是深入实施分类评价，激励青年人才脱颖而出。围绕实施人才强国战略和创新驱动发展战略，以科学分类为基础，以激发人才创新创业活力为目的，以创新能力为导向完善高校青年科技人才评价制度。在加强科学分类基础上，改革评价指标"求全责备"的倾向，引导和鼓励高校青年拔尖人才潜心研究。改革过于僵化的高校职称评审制度，在正常晋升的机制基础上，系统设计破格晋升的标准和机制，建立有利于青年拔尖人才脱颖而出的机制，激励拔尖人才产出大成果，做出大文章。

四是完善海归拔尖青年人才服务机制。建议在加大引进的同时，积极探索海归拔尖青年人才的培养和服务机制。进一步加强与之工作、生活密切相关的规章制度及重大事件决策的规范化和透明化建设，密切加强海归人才与学校、院系之间的沟通；进一步加强支撑体系建设，在科研团队建设、行政事务助理配备等方面予以重点倾斜，减少海归拔尖青年科技人才处理事务性工作耗费的精力；加强生活上的关心。

五是多举措并举缓解东西部地区高校青年人才发展失衡。进一步加强对西部地区高校发展的长期重点支持，在尊重人才自主流动的大前提下，建议教育等部门制定加快东西部地区高校青年科技人才柔性共享机制，创新西部地区高校人才引进和使用机制。制订专项研究计划，支持东部地区高校青年科技人才与西部地区高校合作研究。建议进一步加大对西部地区高校人才队伍建设支持力度，显著提升西地区部高校人才吸引力，营造良好人才发展环境。

六是加快推动高校薪酬制度结构性改革。系统化设计高校薪酬体系，推动薪酬制度结构性改革。强化基础性绩效工资的功能和比重，破除结构倒挂。建议提高国家工资份额，稀释奖励绩效的比例，提高基础性绩效工资占比。在学校内部建立各类人员队伍之间的薪酬联动机制，以保障组织内部的效率和公平。提高基础研究岗位青年科技人才奖励性绩效工资水平。

课题组成员：马德秀　梁　齐　张　濠　郭新立　朱军文　陈　锐　张　丽　张艳欣

锻造光耀时代的中国科学文化正当其时

2019 年 4 月 26 日，中国科协—北京大学科学文化研究院、北京大学科学技术与医学史系、中国科协创新战略研究院在北京大学召开了主题为"中国科学文化建设：新时代、新思考"的首届中国科学文化论坛。论坛围绕我国科学文化建设的任务、困难与挑战、发展路径、应对策略与举措等展开广泛而深入的讨论，引起了国内外科技界、媒体及社会公众对科学文化建设的广泛关注。中国科协创新战略研究院组织人员，系统梳理会议期间的专家观点，汇总会后科技界、媒体及社会公众的舆情反馈，并进一步研究了科学文化建设中迫切需要解决的主要问题，对我国科学文化建设面临的挑战与应对措施提出几点建议。

一、我国科学文化建设面临的主要问题及成因

一是政府对科学文化建设的重视亟待加强，治理尚未落到实处。韩启德院士指出，科学文化的核心是科学精神。在科技硬实力迈向建设创新型国家的进程中，不能彻底贯彻科学精神会使其软实力不足，例如科研诚信缺失、违背伦理的科研行为会导致我国科研人员丧失国际话语权。其他专家也表示，目前我国科学文化的时代性和本土契合度不足，政府对科学文化相关的政策出台较少，现有评价和激励制度使科研价值导向存在严重问题。

学者们还提出，我国科学文化建设的针对性不足，科学文化传播尚未针对不同人群有相应侧重。例如，工农业劳动者需要实用知识与技能的普及；高科技行业需要技术交流平台与成果转化机制；科学文化领域的专家学者需要自

由、开放的研究环境。虽然我国目前对科学传播发力显著，但既有的传播方式偏重知识传授，难以满足新时代广大人民群众日益丰富的科学文化需求。

二是高校和科研机构对于科学文化认识缺失。蒲慕明院士指出，目前高校和科研机构欠缺对于惩戒条例执行的监管机制，责任主体不清楚。科研人员缺乏基本的诚信和自律，对科研不端行为认识不清，对学术灰色地带了解不够。另外，对高校学生的教育不足，很多大学生和研究生不清楚什么是科研诚信，科研院所缺乏科研伦理课程，科研人员在职业训练初期就缺少对学术不端行为的基本认知。

近年来学术腐败、学术不端问题频发，其本质是高校和科研机构对科学文化的重要性认识不足，导致科学文化发育不良。以学术不端行为为例，中国科协相关调查显示，2015—2017年近三成科技工作者认为本单位存在"在没有参与的科研成果上挂名"的行为，"一稿多投、多发""抄袭剽窃他人成果"等行为约占两成。与此相对，超八成"在没有参与的科研成果上挂名"的行为未受处罚。仅有13.5%的科技工作者表示对科研道德和学术规范"非常了解"，科研诚信教育缺口显著。这些现象的主要原因是科研诚信意识淡薄、失信成本低廉、主体责任缺失、监管不到位，高校和科研机构对此责无旁贷，同时也需要政府在立法、行政、管理等方面加大支持，例如出台对科研伦理的指导性意见等。

三是科学共同体对国家科学文化建设的使命担当不足。周忠和院士认为，科学共同体在力求勇于创新、尊重事实的同时，应积极向社会公众弘扬重视科研诚信、勇于承认错误的精神。科学共同体本该成为输出科学文化的源头活水，但目前发力不足，特别是没有在科学文化的传播上做出充分努力和突出贡献，最终使科学家的形象与精神没有得到很好的宣传，科学的文化土壤不足以孕育对科学的兴趣，进而影响到广大青少年立志从事科学事业的热情。

科学共同体内部的研究事业中也存在科研价值取向问题，部分科技工作者并未将求真、务实当作科学事业的根本追求，科研过程中存在明显的功利主义。穆荣平研究员认为对待文章发表的态度暴露了科研价值导向的问题："科研的目的是能不能发表文章最重要，发什么文章不重要；关注的是在哪个期刊上发，而不是发的文章里面有哪些新观点、新发现。"这种重虚名与表面、轻内容与质量的倾向在学术界非常普遍。原因主要在于：各类科研机构中对薪资、职称、待遇与期刊文章的关系有待改进，评价奖励机制亟待完善；在设立普遍性原则的基础上，机构内部没有就各领域具体情形细化实施办法，未形成有效的监督与反馈机制；同时，我国对高质量的核心期刊与数据库建设有待加强，良好的学术评价环境急需进一步改善。

四是全社会公众尚未形成对待科学文化的理性态度。周忠和院士认为"近几年调查显示公众对科学家社会声望和职业期待呈现下降趋势，与我国科普中忽略对科学精神、科学态度的培育密切相关"。2018 年我国具备科学素质的公民比例已达 8.47%，科学知识普及效果显著，但同属科学文化的科学方法、科学思想、科学精神等远未达到公众理解，对科学文化认识程度尚浅，公众科学素质还需进一步提升。具体体现在：公众对科学家职业认可度尚低，科技工作未成为青少年高度向往的选择；公民科学素质与发达国家差距明显，且存在极大的区域发展不平衡、城乡发展不均等特征。

二、新时代加强我国科学文化建设的对策建议

一是促进全社会科学文化自觉。通过科学普及、职业教育、在职培训等方式，对公众开展科学文化教育，提升全社会科学文化素质，重点关注青少年、政府官员等群体。通过设置课程、舆论宣传等方式，引导公众正确认识我国传统文化与科学文化之间的关系，促进科学文化自觉。加强科学文化教育基础设施建设，在科技馆、博物馆、文化馆内增设科学文化教育内容，推进公共图书馆的建设，解决公共科学文化教育资源不足的问题。

二是以科学家精神引领科学文化发展方向。科学精神与我党解放思想、实事求是的思想路线一脉相承，是现代社会文化的内核，弘扬科学精神是科技界的重要责任。可由中国科协、中国科学院、教育部、科技部等相关部门发布科学文化建设学习文件，准确把握科学家精神的内涵，加强顶层设计。重视"老科学家学术成长资料采集工程"的成果应用，宣传科学家事迹，使公众对科学

家精神形成直观认识。在高校、科研院所、相关企事业单位和政府部门开展科学家精神巡讲活动。加强科学技术史通识教育，重视科技史、科技哲学的学科建设，加强学术规范与科学伦理教育，将相关课程列为理工农医类高校本科生和研究生的必修课程，促使学生正确认识科学家精神，提高学生的道德敏感性、伦理判断力和意志力。

三是将科学文化建设与促进科技发展的制度创新紧密结合起来。科学文化建设必须努力寻找适合国情、体现科学价值和发展规律的组织形式和制度。针对现有科研人员评价和奖励制度中的问题，要破除"唯论文、唯职称、唯学历、唯奖项"的价值取向，为科研人员创造自由、宽松的环境，使其能专心于科研工作。要进一步完善对科研人员、科研机构、企业效益、官员级别的评价体系和监督制度。加强对科学共同体的制度约束与社会监督，建立科研诚信和科技伦理监管系统，严肃处理科研不端、学术失信、伦理失范的行为。要营造鼓励创新、包容失败的社会氛围，建立健全激励创新的制度机制、保障创新收益的法律法规等。同时要积极探索适应新时代特点的科研制度，探索更具有竞争力的科研体制和创新体系，为建设引领未来发展方向的世界科技强国奠定扎实基础。

课题组成员： 任福君　刘　萱　李正风　李　响　马健铨　葛海涛　齐海伶

科技工作者整体高度关注十九大
群体差异值得重视

　　为准确把握科技界思想动态，更好地发挥科协作为科技工作者群众组织和党领导下人民团体的政治功能，近期中国科协开展了科技工作者党的十九大反响情况综合调查。调查工作在党的十九大召开前开始准备，开幕次日即通过516个全国科技工作者状况调查站点对1.37万名科技工作者进行在线问卷调查。大会期间，又对142名一线科技工作者进行了面对面或电话访谈。10月26日，在率先举行的科技工作者座谈会上，听取了30余位院士专家对党的十九大精神的反响和建议。综合上述调查结果显示，科技工作者总体衷心拥护以习近平同志为核心的党中央，高度评价党的十九大，高度认同习近平新时代中国特色社会主义思想，对"两个阶段"战略安排积极乐观，同时呈现总体一致性、诉求多样化特点，存在4点群体差异、2个"值得高度重视"。现将有关情况报告如下。

　　一是党员科技工作者比非党员科技工作者的政治态度更加积极成熟。调查发现，党员科技工作者群体对党的十九大的关注度和响应度，均不同程度地高于非党员，体现了党员科技工作者的政治素质优势。党员科技工作者中80.7%表示"非常关注"，89.8%收看或收听了开幕式现场直播，64.5%看过或听过报告全文，均高于民主党派（76.2%、85.9%、59.4%）和普通群众（64.8%、77.0%、43.8%）。对于"新时代""主要矛盾""最大优势"等重大政治论断，党员科技工作者"非常认同"的比例（82.5%、82.0%、84.9%）均高于民主党派（74.3%、73.4%、73.1%）和普通群众（70.3%、69.7%、72.4%）。76.3%党员科技工作者对"两个阶段"的战略安排"非常有信心"，高于普通群众

（66.2%）和民主党派（65.3%）。

二是高学历、高职称科技工作者更认同中国特色社会主义进入新时代。对于"中国特色社会主义进入了新时代，这是我国发展新的历史方位"，77.9%的科技工作者表示"非常认同"，19.9%"比较认同"，合计97.8%，反映出科技工作者对这一重大政治论断的普遍认同接受。从学历看，学历越高认同感越高，博士科技工作者中81.0%表示"非常认同"，高于硕士（78.3%）、本科（77.8%）、大专及以下（73.7%）。从职称看，职称越高的科技工作者认同感越高，正高级科技工作者中83.3%表示"非常认同"，高于副高级（81.7%）、中级（78.7%）、初级（74.8%）和无职称（72.2%）科技工作者。

三是执政成就评价存在区域差异，经济和民生问题是最大关切。总体上科技工作者对党的十九大最关注"与个人工作、生活密切相关的愿景与部署"（33.4%），其他依次为"重大战略部署"（29.0%）、"选举出新一届中央政治局常委"（18.5%）、"重大理论创新"（18.2%）、"其他"（0.8%）。在评价过去5年的历史性成就时，科技工作者对"经济建设取得重大成就"（75.2%）、"人民生活不断改善"（67.8%）感受最深，且在所有群体的选择中均居前两位，说明经济建设、民生问题始终是科技工作者最关心的问题。从区域比较来看，东部地区科技工作者对"全面从严治党成效卓著"（60.0%）感受更深，充分肯定5年来我们党刮骨疗毒、正风肃纪的成效；中部地区科技工作者对"全面深化改革取得重大突破"（60.1%）感受更深，表明改革举措在当地深得民心；西部地区科技工作者特别强调了"生态文明建设成效显著"（53.7%），说明西部地区开展的生态文明建设直观见效。

四是对党的十九大后科技工作和科技工作者地位均有良好预期，略呈群体差异。对于党的十九大后科技工作在经济社会中的作用，92.3%认为会增强。从政治面貌看，党员预期良好的比例（93.8%）高于普通群众（90.6%）和民主党派（86.8%）；从年龄来看，30岁及以下科技工作者认为会增强的比例（92.0%）略低于31～40岁（92.3%）、51～60岁（92.3%）和41～50岁（93.0%）组。对于党的十九大后科技工作者的社会地位，86.7%的科技工作者认为会提高。从单位类型看，非公有制企业科技工作者认为会提高的比例（88.1%）略高于医疗机构（87.6%）、公有制企业（86.0%）、高等院校（85.9%）、科研院所（84.4%）；从政治面貌看，党员预期良好的比例（88.5%）高于普通群众（84.9%）、民主党派（76.2%）；从区域看，西部地区科技工作者预期良好的比例（87.7%）略高于中部地区（86.7%）和东部地区（86.0%）。

五是青年科技工作者的思想倾向值得高度重视。党的十九大的总体关注度很高，97.8%的科技工作者表示"非常关注"（75.0%）或"比较关注"（22.8%），比党的十八大的关注率（94.6%）高出3.2个百分点。应当引起重视的是，青年科技工作者群体对党的十九大的关注度、信心度全部"垫底"。关注度方面，30岁及以下科技工作者中仅有66.5%表示"非常关注"，低于31～40岁（74.8%）、41～50岁（82.1%）和51～60岁（86.2%）组，显示随年龄增加而显著提高。信心度方面，70.2%的30岁及以下科技工作者对实现两个阶段的战略安排有信心，低于其他年龄段2～4个百分点，对实现创新型国家的信心（72.1%）低于其他年龄段2个百分点。从单位类型看，66.1%非公有制企业科技工作者"非常关注"党的十九大，低于科研院所（77.2%）、高等院校（76.3%）、公有制企业（75.5%）、医疗机构（72.3%）。从关注重点看，30岁及以下和30～40岁这两组最关注与个人工作、生活密切相关的部署，比例分别为35.5%和36.3%；41～50岁和51～60岁两组最关注未来重大战略部署，比例分别为31.5%和32.1%。

六是科技工作者对优化创新环境的强烈呼声值得高度重视。在回答对科研领域贯彻党的十九大精神最期待什么时，科技工作者选择最多的是"鼓励创新、宽容失败的学术环境"（69.1%）；其他依次为"有利于优秀青年科技人才脱颖而出的科研环境"（52.2%）、"有更大的技术路线决策权、经费支配权、资源调动权"（50.7%）、"培育出一批世界级科技大师、领军人才、尖子人才"（49.1%）、"以增加知识价值为导向的分配政策落地生效"（49.0%）、"以实绩为导向，符合科研规律的人才评价机制"（48.9%）、"优良的科研道德与学风环境"（44.4%）、"人才创业扶持政策更加完善"（40.4%）、"人才流动更加自由"（33.4%）。从不同年龄段看，30岁及以下、30～40岁组最期待有利于优秀青年科技人才脱颖而出的科研环境（49.6%、55.4%）和有更大的技术路线决策权、经费支配权、资源调动权（47.9%、52.3%），分别排在第二位和第三位；41～50岁、51～60岁组更期待培育出一批世界级科技大师、领军人才、尖子人才（51.6%、55.5%），分别位于两个年龄分组的第二位和第三位，同时他们也期待以增加知识价值为导向的分配政策落地生效（51.3%、54.3%），位于两个年龄分组的第三位和第二位。受职位职称晋升、人生成长成才阶段因素影响，30岁及以下青年科技工作者对于提供优秀论文首发平台（41.7%）的需求高于其他年龄组，这一需求随年龄增长而递减（31～40岁，40.8%；41～50岁，39.1%；51～60岁，38.5%）。

七是最期待科协组织提供更好的政策服务和学术服务。科技工作者对科协组织的期待，前三位依次是推动出台政策优化科研环境和评价机制（63.8%）、搭建高水平学术交流平台（54.2%）、维护科技工作者合法权益（43.2%）。受从事领域影响，不同的科技工作者对科协的诉求各有侧重，科学研究人员最期望科协促进科研诚信、净化学术生态（43.5%），工程技术人员和农业技术人员最期望及时得到科协维护合法权益的帮助（43.0%、45.8%），卫生技术人员最希望科协打造高水平国际期刊，为优秀论文提供发布平台（49.2%）。

针对上述情况，中国科协党组高度重视，进行了认真研究、讨论。中国科协是党领导下的人民团体，必须旗帜鲜明讲政治，切实提高政治站位，强化政治敏锐性，增强政治领导力、思想引领力、群众组织力、社会号召力，把广大科技工作者紧密团结在以习近平同志为核心的党中央周围，在思想上高度信赖核心、政治上坚决维护核心、组织上自觉服从核心、感情上衷心爱戴核心、行动上始终紧跟核心。当前，中国科协把学习宣传贯彻党的十九大精神作为首要政治任务，认真落实《中共中央关于认真学习宣传贯彻党的十九大精神的决定》，抓紧制定《中国科协关于认真学习宣传贯彻党的十九大精神的实施方案》，党组带头、以上率下，带动中国科协机关和事业单位迅速跟进，全国学会、地方科协和所属学会全面行动起来，有落实、有督导、有反馈，形成抓实见效的闭环。同时要求全体科协干部适应新时代新要求，把自己摆进去，把工作摆进去，把科协系统摆进去，把国家战略需要摆进去，转变目标和标准，转变方法和措施，转变思想和观念，争做规范高效的先锋、改革创新的先锋、品牌创造的先锋。下一步，我们将重点做好以下工作。

一是加强对科技工作者群体的思想政治引领。以青年科技工作者、体制外科技工作者为重点，采取得力措施学习宣传党的十九大精神。面向科技领军人才、青年科技人才和体制外科技人才举办专题研修班，开展集中宣讲活动，推出适合科技工作者需求、具有科协特点的学习培训读物，组建优秀科学家宣讲报告团。创新学习宣传方式，发挥好"两微一端"等新媒体的突出作用，及时推出一批科技界学习贯彻党的十九大精神的微视频、微电影、微广播及各种形式的图文，用喜闻乐见、易于传播的形式把党的十九大精神讲清楚、说明白，提高宣传工作的时、度、效。开展党的十九大精神进学会、进高校、进院所、进企业、进农村、进社区，让基层一线科技工作者听得懂、能领会、可落实。

二是营造良好学术环境，培育优良科学文化和创新文化。结合学习宣传贯彻党的十九大精神，联合教育部、中国科学院举办全国科学道德和学风建设宣讲教育报告会，继续加强科学道德教育进课程、进教材。联合有关部委完善学术不端防范惩处机制，营造风清气正的良好学术生态。推进"科学大师名校宣传工程"深入校园、走向社会，深入挖掘老科学家学术成长资料采集工程的精神内涵，推动出台《关于加大科技人物宣传力度、弘扬中国科学家精神的意见》，使以身许党、以身许国成为科技工作者的自觉追求。以李保国、黄大年、南仁东等优秀科技工作者先进事迹感召，发现并宣传一批科技工作者身边的典型人、典型事，带动广大科技工作者弘扬优良科学文化。

三是为科技工作者提供优质高效的政策服务，推动科技创新政策措施出台落地。发挥调查站点体系优势，及时准确反映科技工作者呼声，推动优化创新环境、释放创新活力的政策制定。面向科技工作者加大党和国家重大科技决策部署的宣传力度。对近年来出台的系列科研利好政策落地情况进行第三方评估，配合有关部门开展督导，让党和国家的政策红利真正惠及科技工作者。在"科技工作者之家"网站建设咨询平台，汇集相关政策，加强精准推送，提供定制化的政策咨询服务。以典型个案切入，及时发声、有效发声，切实维护科技工作者权益。

调查情况说明

1. 调查对象范围

此次调查通过中国科协科技工作者状况调查站点体系进行。中国科协从2005年开始在全国范围内设立调查站点并逐年完善形成体系，是覆盖全国、上下联动、唯一以科技工作者为对象的调查系统。调查站点设置时依据统计学原理，参考全国大专以上学历就业人口规模特征，考虑全国范围内科学研究人员、工程技术人员、教学人员、卫生技术人员、农业技术人员等各类科技工作者的分布特点，覆盖科研院所、高等院校、企业、医疗卫生机构、普通中学和基层单位，与科技工作者现实分布基本一致。目前全国31个省（自治区、直辖市）共设立研究院所（76个）、大学（78个）、大中型企业（104个）、医疗卫生机构（56个）、科技园区（35个）、中学（49个）、地县科协（108个）和全国学会（10个）等8个类型，合计516个调查站点。此次调查，各调查站点遵循随机抽样原则选取样本，涵盖各类科技工作者群体，可以有效推断全国科技工作者情况。

2. 调查问卷设计

此次调查由中国科协调研宣传部牵头，组织中国科协创新战略研究院、科技部战略院、对外经贸大学有关专家参与。问卷紧扣党的十九大报告重大论断，从问题到选项多采用十九大报告的规范表述；作为第一时间的快速调查，重点了解对党的十九大的关注度、响应度，题量设计精而少，全部采取选择题。

课题组成员： 邓大胜　李　慷　史　慧　于巧玲　薛双静

加快作风和学风建设相关政策落实，营造风清气正的科研环境

2019年6月11日，中共中央办公厅、国务院办公厅印发了《关于进一步弘扬科学家精神 加强作风和学风建设的意见》（简称《意见》），在广大科技工作者中引起强烈反响。为深入贯彻落实《意见》精神，中国老科学技术工作者协会、中国科协老科技工作者专门委员会和中国科协创新战略研究院于2019年9月19日在北京召开"老科学家圆桌会议"，围绕当前学风作风建设存在的重点问题，广泛听取多位院士、青年优秀科学家的意见和建议。11月，中国科协创新战略研究院又面向全国高校和科研院所的科技工作者，围绕《意见》落实情况开展快速问卷调查，共收到3906份有效问卷。现将有关情况报告如下。

一、当前我国作风学风方面存在的几个突出问题

一是学术不端事件频发。学术界科研浮躁、论文抄袭、同行评议造假不断爆出，甚至出现严重违背科研伦理的事件。2017年《肿瘤生物学》撤回107篇同行评议造假论文，全部来自国内多所知名高校院所。2018—2019年，我国部分知名学者学术不端、近十所大学的学生学术论文造假、贺建奎"基因编辑婴儿事件"等相继爆出，严重损害了中国科技界的形象和利益，涉事人员和机构公然突破学术界伦理底线、亵渎科学精神的行为令人震惊。2019年6月以来，68.5%的科技工作者认为科研浮躁没有改善，51.2%的认为科研诚信改善程度较小。

二是"科研圈子文化"滋生。"圈子文化"导致学术界的"一团和气"，学

术观点碰撞不足。座谈会上，院士指出，"我国学风方面最大的陋习，就是不敢对不同学术意见进行公开争论"。与会院士还表示，部分知名高校在师资招聘中存在"近亲繁殖"现象，部分科研人员热衷于"拜码头"、结名师，高校内"学派""学阀""师门"林立，对于国内外引进人才及青年人才的流动、职业晋升、项目申报和科研奖励造成一定程度的排斥和挤压。但是《意见》发布以来，83.0%的科技工作者认为"圈子文化"没有得到改善。

三是开展从"0到1"基础研究的勇气不足。从无到有、从"0到1"的基础研究往往投入大、周期长、见效慢。在目前的科研绩效考核体系下，部分科研人员注重论文数量、期刊影响因子，盲目追求短平快研究项目，忽视对于意义重、风险大、周期长科研项目的研究，难以做到"坐住冷板凳"和"十年磨一剑"。座谈会上，有院士指出，"目前国内学风作风建设着重对于抄袭、剽窃的惩罚，但是我们应该提高标准，要让更多的师生知道，真正的创新不是跟风、'描红'，而是敢于攻坚克难，敢于碰硬"。正是缺乏开展"0到1"基础研究的耐心、勇气和良好环境，导致我国在很多关键核心技术上被"卡脖子"。

二、我国作风学风建设不足的主要原因

一是学术评价导向存在偏差。高校"双一流"评价指标不合理，导致许多科研机构和人员重视论文数量、影响因子、"人才帽子"，忽视对于意义重、风险大、周期长的科学研究。例如，在医疗行业，用科研项目、论文数量来考核临床医生，导致"论文医生"现象，这也是我国医疗领域学术不端现象频发的重要原因。座谈会上，有院士指出，"医生兼顾看病和科研非常困难，医学的发展和创新需要专业科研队伍，而我国在国家层面缺少机制和编制方面的制度设计"。学术评价"指挥棒"使用不当，以及科研人员晋升机制的单一化，导致许多科研机构和人员存在一定程度的浮躁心态和功利主义倾向，造成挑战前沿难题、攀登世界科学高峰的勇气和自信不足。

二是科研保障和激励方式功利化。薪资结构不合理，在我国科技人员的薪酬结构中，基本工资比重较低，约占27%，津贴补贴和其他收入占比约73%，

而后者通常与各种论文、项目、奖励等指标简单挂钩。部分青年科研人员迫于经济收入、住房、子女教育等方面的压力，科研活动中存在功利主义倾向，导致青年人员争项目、抢资金、戴"帽子"。我国基础研究的稳定性支持不足，虽然中央本级稳定支持与竞争性支持经费比例从 2005 年的 2∶8 提高到 2017 年的 5∶5，但是大部分稳定性经费的最后落实依旧靠竞争来分配。

三是科技工作者的科研时间遭到挤压。《第四次全国科技工作者状况调查报告》显示，科技工作者投入工作的时间逐渐增加，有 76.9% 的人超过法定工作日（40 小时），40% 的人每周工作 50 小时以上，但仍有 50% 的科技工作者认为可支配的科研工作时间不太够用，甚至是极不够用。科研项目公关、填表、评审会、评奖流程等侵占科研时间。座谈会上，有院士指出，"我国的科学家承担着科研推销员、项目管理员、财务管理员的角色，这些工作大大挤占了科学家的科研时间，部分科学项目每年要汇报四次进展，导致科研人员不能踏踏实实做科研"。

四是科研管理水平亟须提高。科研院所管理中"行政化"和"官本位"弊端依旧存在，"服务本位"还没形成。根据统计显示，科技评价中的"四唯"、非科研事务工作重、科研浮躁是我国作风学风建设中的最严重的三个方面。与会院士指出，"目前科研管理中将科学和技术混为一谈，按照工程管理思路来考核科学研究，对于基础研究的发展非常不利；另外，现在国家出台了非常好的政策，但是政策落实不足，机制依旧是最重要的环节，人事制度应该以人才为本位，而不是管理或领导为本位"。

三、加强作风学风建设的对策建议

一是加快作风学风建设相关政策落实。根据调查数据显示，《意见》出台以来，52.4% 的单位出台过针对性的规定、办法或措施，48.6% 的单位能够积极转发作风学风建设的相关文件，但是单位组织学习文件的力度不够、形式单一，宣传不足。28.0% 的单位组织集体学习文件内容，仅有 23.9% 的公告文件内容，7.3% 的组织研讨交流，3.8% 的开展专题报告。另外，22.1% 的单位没有组织过集体学习，同时 14.5% 的科技工作者不知道该文件的出台。政策落实需要进一步加快推动。

二是加强作风学风评估。开展作风学风建设第三方评估，确定良好作风学风监测指标、建设标准，遴选部分高校、院所、学会开展评估试点，总结经验，查找不足。以评代促，由点及面，加强政策落实，提高单位管理水平，全面推动作风学风建设。

三是加强作风学风相关政策宣传和执行力度。建立常态化、定期化的政策和活动的宣传渠道，通过网站、微博微信公众号等方式宣传重要政策，让广大科研人员时刻紧绷"学术诚信"弦。将加强作风学风建设、科研诚信教育等纳入到研究生教育体系，纳入单位日常管理和考核体系。定期曝光负面清单，建立全国性学术不端数据库，坚决对科研不端行为"零容忍"，让学术造假者在职称晋升、表彰奖励、科研项目申请等方面"一票否决"。

四是完善科研诚信惩戒机制。探索建立我国科研人员征信体系。由中国科协牵头，联合政府科技部门、学术期刊、高校院所、科研项目管理等部门，通过设立"科研身份证"的方式（类似 ORCID），加强科研人员的学术记录和追踪，促进科技项目管理、科研诚信管理和监督惩戒。借鉴国际科技界做法，定期对于实施中和结题的科研项目开展抽查评价，正确发挥媒体和社会监督作用，避免增加科研人员负担，有效发挥警戒的预防作用。

五是推动科技分类评价试点工作。坚决推动"四唯"改革，让科研人员敢于"十年磨一剑"，坐住"冷板凳"。减少"人才帽子"与利益挂钩的不良现象，避免青年科研人员忙于申请各类"人才帽子"。建立负责任、综合性的评价委员会，科学全面的评价基础研究成果对学科内、跨学科、社会范围内的全面影响。对于医疗系统等特殊行业，要通过人事制度改革实现晋升渠道的多元化。遴选部分城市或者高校院所开展基础研究分类评价试点。

课题组成员： 沈　岩　赵忠贤　杨　乐　强伯勤　张伯礼　董家鸿　韩雅玲
曹晓凤　乔　杰　张志愿　田志刚　蒋建东　许　迅　徐文东
唐熠达　魏　来　蒋欣泉　李嘉根　梁　帅　张　丽　董　阳
任福君　赵立新

由"华为事件"看创新
我国科技体制的重要性

    2019 年 5 月 16 日，美国商务部的工业和安全局（BIS）正式将华为公司列入实体清单，引发了各政府部门、智库机构、专家学者及社会各界的高度重视。华为公司受美制裁事件既体现出我国企业在"跟跑"、"并跑"向"领跑"转变中基础研究投入和打造科技核心实力的重要性，也折射出我国在高科技核心技术领域中仍然存在短板、关键技术受制于人的局面没有得到根本改变的严峻现实。

    2019 年 5 月 16 日，美国商务部的工业和安全局（BIS）正式将华为公司列入实体清单，该禁令禁止美国企业与华为公司开展业务。美国针对华为公司的制裁主要基于 BIS 制定的《出口管制条例》。该条例针对外国产品"美国最低含量标准"一般被设定为 25%，意味着其他国家制造的商品如果其中美国元件、技术等价值占比超过了 25%，就会成为被管制对象。事实上，华为公司对这种"制裁"早已"未雨绸缪"。任正非表示：美国对华为公司的制裁影响不大，主要业务不会受到大的影响。尽管如此，也有业内人士指出，华为公司目前的自有芯片并没有达到世界最顶级水平，且产能有限，必然会在一段时间内影响相关业务的发展。

    美国对于中国企业的制裁和阻碍，表面基于国家安全的原因，深层原因是对中国企业引领产业发展的"恐惧"和"忌惮"。这种"恐惧"一方面反映出只有坚持自主创新、打造企业核心科技实力才能抢占并坚守世界科技潮头，另一方面也反射出我国大部分企业在科技创新领域中存在着原始创新动力不足、创新能力不强、基础研究和关键技术滞后、产业链衔接不紧密等深层问题。

一、华为公司受制裁反射出科技核心实力建设亟待加强

一是华为公司迅速崛起，为中国企业打造核心实力提供成功案例。华为公司是面向全球市场的电信基础设备、手持终端及企业服务供应商，电信基础设施全球市场占有率（28%）位居世界前列，手机以 10% 的全球市场占有率位居前三，全资子公司海思半导体芯片营业收入位于全球前十，在网络运营服务方面为全球 170 多个国家和地区的 1500 多张网络提供专业服务，并在相关业务领域拥有一定的技术优势。也正因为如此，引发了美国对华为公司的忌惮，先后通过下架、禁购、调查、禁令等设置了重重阻碍。华为公司的核心科技实力来自长期坚持的技术创新和超前的科技研发经费投入，华为公司拥有 15000 多人的基础研究团队和 60000 多应用型研发人才。2018 年，华为公司以 113.34 亿元的研发投入在欧盟工业研发投资排名中名列中国第一，世界第五。也正是基于这一长期技术积累，华为公司才能够在受美制裁的时候有足够的底气表示"不会受到大的影响"。这也为中国企业提供了启示，只有坚持自主创新，打造自己的核心科技实力才能够在日益激烈的世界科技竞争中占有一席之地。

二是中国企业在很多关键领域的科技核心实力建设不足，软肋突出。比如 2018 年 4 月发生的"中兴制裁事件"折射出我国集成电路产业在核心技术上仍然存在大量"短板"，暴露出集成电路产业的前端基础研发能力不强、缺乏完整的迭代升级流程、核心设备严重依赖国外进口等结构性问题难以破解。与之相似，在工业互联网产业领域也存在"一硬（工业控制）+一软（工业软件）+一网（工业网络）+一安全（工业信息安全）"四大基础技术空心化严重，"边缘智能+工业大数据分析+工业机理建模+工业应用开发"四大关键技术瓶颈突出，以及"开源平台+开源社区"两大撒手锏技术基本空白的瓶颈，严重制约了工业互联网平台建设和相关应用的培育。

三是科技创新的供给侧质量不高，高质量创新成果转化不足。近年来，我国科技创新投入不断增加。2016 年，我国研发投入超过 1.5 万亿元人民币，仅次于美国的研发投入规模。但一方面，我国的创新供给质量不高，不适应产业

发展的要求，存在创新供给荒的现象；另一方面，科研成果在规模迅速扩张的同时，未能及时转化为社会生产力。虽然我国已经制定了一系列促进科技成果转化的政策，但是出于对政策的种种顾虑，部分科研人员和机构的转化意愿不高。当前，我国高校、科研院所的科技成果转化率仅有 20% ～ 30%，而真正实现产业化的不足 5%，与发达国家 70% ～ 80% 的转化率和 20% ～ 30% 的产业化率差距较大。过低的科研成果转化率意味着科研资源利用的低效率，不利于传统产业的转型升级和新兴产业的发展，特别表现在部分新兴产业出现的"高端产业低端化"的现象，而由于科技成果不能顺利转化为社会生产力，科技创新对经济引领的作用便难以发挥出来，不利于创新驱动发展战略的实施和科技强国建设。

二、华为公司受制裁反射科技体制存在的突出问题

从"华为事件"中我们看到，中美贸易战在某种意义上已经成为科技战。近年来，我国的科技发展已经取得了快速的发展，正在实现从"跟跑"、"并跑"到努力"领跑"的过渡。然而，我国科技创新领域中仍然存在着一些深刻的制度性原因，也存在着一些制约性因素一直未能得到很好的解决，阻碍了我国从"科技大国"迈向"科技强国"的步伐。

一是研发经费投入的精准度不高，结构不尽合理。首先，基础性研究的投入需要进一步加强。我国的国内生产总值（GDP）总量已经位居全球第二，研究与试验发展（R&D）投入强度超过 2.1%，R&D 投入规模全球第二，总量可观。但其中基础研究投入比重一直在 5% 左右，与发达国家 10% 以上的水平存在一定差距。其次，关键领域研发投入不足。我国科研经费的领域分配与该领域的研发人员结构没有进行很好的统筹设计，科技投入的资源配置效果并不好，技术革新和基础研究的创新能力排在 20 名开外。研发投入领域的配置没能得到很好的优化，经费精准投入不足。最后，微观企业的研发投入结构不够成熟。主要表现在科技型中小企业在科技创新投入结构上不成熟，即基础研究和基础应用领域的研发投入较少，企业 R&D 人员和经费支出比例不高，企业

在知识产权管理缺乏投入等。

二是国家创新体系不够完善，创新主体未能形成合力。政府、高校、科研院所和企业至今没有形成高效协调的国家创新体系。目前，国家科技计划管理部门更多关注向高校和科研院所等创新主体投入资金，在统筹资源、协调科研院所和企业的关系上，没有充分发挥作用。高校和科研院所主要以发论文、申报专利和申请课题为主，进行的科研活动既难以高度聚焦国家的重大战略需求，也没有面向企业和市场的需求。企业的研发能力和抗风险能力较弱，加上低成本购买比自主研发划算的观念，缺乏投入基础研究的原始动力。

三是知识产权制度执行不力，保护力度不够。知识产权的立法、执法体系不完善，影响了企业研发投入的积极性。当前的法律对知识产权侵权实行的是"填平原则"（损害多少、赔偿多少），实际赔偿额过低，对侵权行为的打击力度不够，未能有效实施保护，降低了企业创新的意愿。例如，在发光二极管（LED）领域，前几年技术领先企业与技术模仿抄袭企业的技术差距是接近两年时间，领先的研发企业有相对较长的盈利期，可以弥补研发投入。但目前技术领先企业与技术模仿抄袭企业的技术差距只有约 3 个月的时间，由于缺乏有力的知识产权保护，领先研发企业无法通过市场的盈利弥补研发投入，因此企业的创新积极性不高。

四是风险机制不健全，企业创新的意愿不高。科技创新是一项具有高收益、高风险特点的活动，高收益是促进技术创新的动力，而高风险则是阻碍创新的因素。企业应对科技创新的风险主要是通过企业自身承担、金融机构分担、风险投资共担及政府补偿等手段实现，当前我国尚未建立起有效的针对企业科技创新的多元风险补偿机制。比如许多地方政府往往热衷于对能够创造大量 GDP 和就业的产业进行补贴，对科技创新风险进行补偿的动力不足；金融机构出于资金安全的考虑不愿为企业创新活动提供信贷支持，尤其是中小企业的科技创新活动由于缺乏抵押品难以得到银行等金融机构的支持；风险投资虽然具有更高的风险承担意愿，但由于芯片等高科技产业失败率较高、投资回报少等，也不愿对国有芯片企业进行投资。

五是创新文化引导与激励不足。首先，企业创新偏好不足。创新需要长期的培育才能产生，而目前企业大都偏爱和习惯开展短平快的项目，投入科技研发的周期普遍较短，尤其不愿意把资金和时间投入到投资大、周期长、风险高的先进技术研发和材料制造领域，从而导致基础创新不足，研发驱动力受阻。其次，包容失败的氛围没有形成。由于目前的考核体系和考核标准，全社会对创新失败的包容程度和接纳程度有限，对创新失败案例的关注不足。最后，激励创新的文化薄弱。中国正规教育体系对青少年创造力和想象力的鼓励不足，缺乏对注重实践的动手能力、探索能力的培养。全社会对创新的支持程度乐观，然而参与程度不高，创新普遍被认为是"少数人的游戏"。

三、推进我国科技体制创新发展的几点建议

为了提高我国自主创新能力，改变核心技术受制于人的局面，必须统筹长远战略和近期措施，保持国家发展定力，提高产业组织能力，激励企业创新动力，在基础研究和关键技术上下苦功夫，培育持续的创新能力。

一是端正追赶心态，保持长期持续投入。在追赶先进技术的过程中，政府部门要认清短板和差距，避免急功近利式的大干快上。面对新一轮科技革命日新月异的发展，把握机会、奋起直追无可厚非，但高科技产业的发展不是靠投机取巧和采取大规模的行动计划实现的，而是依靠长期智力投入和技术积累，是在保障大量资金持续投入并经历无数次失败后不断完善改进的结果。我国在推动核心关键技术发展的过程中必须秉持自力更生、脚踏实地、容许失败的基本原则，对关键性的短板领域技术进行长期、持续投入，在不断积累、不断试错中逐步攻克难关，要大力支持企业和科研院所的原始创新活动，为原始创新活动提供长期激励机制和容错机制，"可以十年不鸣，争取一鸣惊人"。

二是完善国家创新体系，形成激励原始创新的创新生态体系。明确政府、科研院所、高校、中介组织和企业的职能定位，进一步优化制度设计，形成良好的互动关系，营造良好的创新生态体系。缺乏原始创新能力和成果，就会在专利壁垒、标准壁垒上受制于人，只有提高原始创新能力，才能改变在高科技

领域始终处于被动跟踪地位的局面。下决心完善国民收入分配结构，改变行业收入不平衡和要素分配扭曲对创新的逆向激励作用。完善科技金融手段，采取多种金融手段支持和鼓励难度较大的原始创新。完善技术交易市场，保障创新链条多阶段创新产品或技术交易的可行性，激活创新的活跃度。

三是改革教育模式，培养基础研究人才。科技核心实力的提升和关键技术的发展需要具有创新思维的研发人员，目前我国在集成电路、工业互联网等关键领域的研发人员奇缺，具有创造力的人才更加匮乏。一方面，要优化现有的教育模式，培养符合未来科技发展需要的复合型创新人才；另一方面，改变重视技术应用人才培养、忽视基础研究人才培养的"头重脚轻"人才结构，加强对基础研究人才的培养。同时广纳全球英才，使引进人才和培养人才做到有机结合。

四是结合举国体制和市场竞争机制的优势，鼓励扶植具有长产业链条的标志性企业成长。充分利用中国庞大的市场优势，一方面可以通过政府购买的方式来为国产产品提供必要的市场和用户条件；另一方面要积极扶植和鼓励几家标志性企业延长产业链，也可以考虑扶植具有转化能力的科研院所进入中下游建立企业，从产品创新到大规模应用实现整个商业流程的闭环，这样可以有效降低单位产品成本，同时通过不断试错形成正反馈，加速缩小与国外先进技术水平的差距。这一过程并不等于"保护落后"，同时也要利用市场机制，保障标志性企业之间形成良好的竞争关系。借鉴20世纪德国和韩国鼓励发展本国产业的经验，通过建立上下游产业链联盟等方式，鼓励优先使用国内产品，促进本土企业技术创新，降低成本，增强产品竞争力。

五是加强技术预见研究，鼓励多条技术路线并行发展。在原有技术路线上赶超世界先进技术常常面临着较大的专利壁垒，而沿着新的技术路线进行追赶则可能实现"换道超车"。在从模拟技术到数字技术转变的过程中，日本固守原有的技术路线，而韩国和美国的企业则积极拥抱数字时代技术，很快将日本企业淘汰出局。因此，在新的技术路线上进行尝试可能会缩短追赶的进程，以芯片行业为例，国外垄断企业已经建立起了完整的专利体系壁垒，我国企业想要实现突破非常困难。但是在人工智能、新一代机器人、辅助驾驶、无人驾驶等新一代信息技术领域中，我国企业与发达国家企业处于同一起跑线上，可以在短时间内形成自己的优势，例如我国从事人工智能加速器芯片设计的公司数量已位居全球第一，有超过四十家企业从事神经网络芯片的设计制造，已经远超美国。毫无疑问，沿着新的技术路线追赶同样存在着重大不确定性，但采取多条技术路线并行发展的战略可以在一定程度上降低追赶成本，提高追赶科技前沿的成功率。

六是建立通用技术研究院，设立国家技术创新基金。重大科学突破常常要依赖通用技术领域中的突破，通用技术的出现和广泛推广常常为之后的科学研究技术化和技术商业化奠定良好的基础。因此，可以仿效中国台湾工业技术研究院的做法，建立通用技术研究院，在研发和转移共性技术、培训相关人才、培育新创企业等方面发挥重要作用，以通用技术的突破来引领多领域、多学科的发展与突破。目前，我国自然科学领域的基础研究能够得到国家自然科学基金会的稳定长期支持，但是缺乏长期稳定支持技术创新领域基础研究的相关基金管理部门。建议设立支持技术创新领域的国家基金，支持以企业为主的创新主体长期开展基础性的技术创新研发。

七是完善知识产权制度体系，保障发明人的合理权益。积极推进知识产权相关法律法规向体系化迈进，形成标准统一、规则与原则相结合、完善与普通法和特别法相互协调、相互补充、相互强化的知识产权制度体系。加大知识产权侵权行为惩治力度，提高知识产权侵权法定赔偿上限，尝试建立对专利权、著作权等知识产权侵权的惩罚性赔偿制度，提高知识产权侵权成本。

课题组成员：刘　萱　王宏伟　马健铨　李　响　齐海伶　李　毅

由"华为事件"看加强我国基础研究的重要性

2019 年 5 月 16 日，美国商务部正式将华为公司列入"实体清单"，禁止美企向华为公司出售相关技术和产品。这一事件恰逢中美贸易磋商的关键之时，引发社会高度关注。由美国挑起的中美贸易战本质上是中美之间的科技战，究其根本是中美两国之间的基础研究实力之争。基础研究是科技创新的源头活水。当前，我国基础研究已处于从量的积累向质的飞跃，从点的突破向系统能力提升的关键时期，科学研判、深刻反思制约我国基础研究发展的突出问题，对营造有利于基础研究的良好创新生态环境意义重大。近日，中国科协创新战略研究院组织相关领域专家开展了《着力营造良好的基础研究创新生态环境》研究，现将研究结果报告如下。

习近平总书记在全国科技创新大会上提出建设世界科技强国的奋斗目标，并强调"要在独创独有上下功夫，提出更多原创理论，做出更多原创发现，力争在重要科技领域实现跨越发展"。这是对我国建设世界科技强国战略需求的深刻把握，也是对新时期加强基础研究提出的明确要求。近年来，我国正处于由科技制造大国向科技制造强国、科技创新强国转变的关键阶段，基础研究国际影响力大幅提升，以华为公司为代表的高科技龙头企业推动科技红利全面爆发，这引发了美国对我国科技创新实力崛起的焦虑和遏制。一是华为公司受美制裁事件的本质是由美国在第五代移动通信技术（5G）领域领导地位缺失引发的科技扼杀，而华为公司获取 5G 无线通信领域领导地位正是源自企业在基础研究持续投入后的技术产出红利。二是华为公司受美制裁事件打响了新的国际环境下中美国家科技实力全面较量的"发令枪"。中美两国之间的科技实力之争，究其根本是基础研究之争，是基础教育之争。在新的历史起点上，应着眼长远，着力营造有利于基础研究的良好创新生态环境，对于深入实施创新驱动发展战略、建设创新型国家和世界科技强国具有重要意义。

一、中美竞争新形势下对基础研究特征的再认识

基础研究是由人类先天的求知欲和好奇心驱使，以认识现象、开发和开拓新的知识领域为目的的探索性活动。现代科学技术的发展进入"大科学"时代，科学研究的模式不断重构，学科交叉、跨界合作、产学研协同成为趋势，知识从实验室研究到产业应用的流速加快，这些变化使得国家的原始创新能力越来越依赖于基础研究的支撑，需要在新的历史起点重新审视基础研究的本质特征。

一是基础研究的方向难以确定。基础研究的原生动力来自于科学家对未知知识领域的好奇心，以研究者的兴趣为导向，具有高度的探索性、独创性、先导性和不可预测性。回望现代科学技术发展的历史，人类的起源、生命的起源和进化、宇宙的形成和发展、地球的形成等对人类社会产生巨大影响的科学论断，很多产生于科学家偶然的灵感迸发。越是具有颠覆性、前瞻性的基础研究任务，越表现出其研究假设、研究思路、技术路线到预期结果的难以预测。尽管这种不确定性带来了巨大的研究风险，但也会孕育颠覆性的重大理论进展。

二是基础研究的进程难以计划。基础研究的进程极少能按预定计划推进研究路线，多数情况下要中途改变调整研究计划。这种进程的转变、反复，甚至是颠覆、推翻，往往意味着新理论的创立，改变越大，所创立新理论的创新性也越强。基础研究是一个知识探索和增长的长期过程。从问题产生到解决或发现，再到取得成果，以及最终被验证需要很长的时间，有时需要耗费科研人员一生的努力和几代人的心血。有国家科学技术奖获得者曾说："基础学科是'硬骨头'，需要花费时间并要经历长期沉淀，能做出成绩的速度就更慢一些。"因此，难以用短期计划来确定或约束长期性的研究进程，而需要为基础研究提供长期的支持。

三是基础研究的成果难以预见。基础研究不同于应用研究具有短期明确的目的性，所产出的新知识、新原理、新定律也不像技术开发所产生的新产品、新方法、新技术、新材料那样都能够立即产生实用价值，但却是应用研究、试验发展的源头与根基，现代社会重大的技术创新和发明创造都源于基础研究。基础研究的成果本身并不直接投入应用，但是其应用空间和前景难以预见，既可能带来经济社会跨越发展的重大机会，也可能蕴含巨大的风险。

四是基础研究的影响难以评估。基础研究是厚积薄发的过程，需要经过沉淀和反复验证，才能产生理论的创新和显性成果，其影响是动态的且难以评估。基础研究通常是相对稳定的科研团队，在某一专门领域开展跟踪式知识积累和理论探索，然而其研究成果却有可能对不同学科领域产生巨大影响。正如伦琴的科学发现带动了生物、物理等多个领域的突破。现代技术革命的成果有90%来自基础研究，基础研究的知识生产和积累孕育着的新发现和新领域，是技术革新、颠覆性技术等的起点。

五是基础研究的环境尤须宽松。我国获得国家级自然科学类奖项的研究课题，平均出成果的时间为14年，这样的特点让基础研究要出成果就必须有"铁杵磨成针"的恒心和毅力，也正是基于科研人员"心无旁骛搞研究，坐得住冷板凳"，经过多年技术积累，华为公司成功取得5G无线领域的领导优势地位。当代基础研究探索难度越来越大，更加需要跨领域的人员协作，跨部门的仪器设备和资源利用，加之长期不懈的努力攻关，而开放、自由、诚信、民主的基础条件和文化环境不可或缺。

二、制约我国基础研究持续发展的五大环境短板

多年来，我国基础研究持续推进，国家重点研发计划、自然科学基金持续加大对重大原始创新和交叉学科领域的支持力度，世界领先的基础性、原创性成果不断涌现。同时，在深入推进基础研究持续健康发展过程中，还应客观认识制约我国基础研究的五大短板，集中表现为以下五个方面。

一是基础研究投入强度不够。近年来我国持续加大对基础研究的投入，基

础研究投入状况有了重要改变，总体上看，我国基础研究投入绝对值增长较快，1990 年我国基础研究投入总额仅为 9.3 亿元，到 2018 年增长到 1118 亿元，增速绝对值远远高于经济合作与发展组织（OECD）国家。然而，我国基础研究的投入强度偏弱，基础研究投入占全社会研发投入的比重长期在 5% 上下，与美国的 20%、英国的 11.3%、日本的 12.3% 相比差距显著。我国基础研究投入的 GDP 占比也与 OECD 成员国相比差距巨大，美国、法国、日本等科技先行国家均大于 0.4%，我国仅为 0.1%。

二是以稳定性支持为主的投入方式尚未建立。基础研究自身的特点决定了创新成果的周期、结果不可控。我国现有的科技计划支持体系中，基础研究的投入主要依靠以研究项目为对象的申报资助，而持续稳定的对特定学科领域、科研团队和研究机构的长期资助为辅。这就造成有些基础研究项目和团队缺乏一个稳定性、持续性的经费支持，难以满足其创新周期的需求。有院士提出，他所在的国家重点实验室的专项经费支持，在两年后就被并入上级单位的"经费大盘子"中，需要重新申请或者再次申报，一定程度上打破了对基础研究项目的稳定支持。

三是科研资源配置存在突出的"马太效应"。目前的科研资源配置大多集中在拥有各类头衔的"学术大牛"手中，他们及其所在的团队项目多、经费多、成员多、人脉广，集聚各类科研优势，从而获得更有利的科研资源，出现了突出的"马太效应"，影响了有限的科研资源在科研领域的整体分配效能。在目前基础研究投入本身不多的情况下，对于正处于科研生涯创新力最强阶段、最有可能产出重大创新成果的中青年科研人员来说，这种"马太效应"剥夺了他们获得资助的机会。而已经成名成家的研究者，又往往获得多方重复资助，挫伤了青年科研人员的积极性。譬如，由于中央与地方各级政府、科技相关部门之间、科技部门与其他部门的沟通协调机制不畅，资源配置封闭分散，重复配置的情况比较突出，复旦大学 2008—2013 年就有 25 个项目在同一时间多渠道申请获得资助。另外，各项基础研究的项目申报过程中比较看重项目负责人的相关学术头衔和已发表的论文水平，从而导致了大量科研人员为获得项目经费，将大量精力用在奖励申报、职称评聘、论文发表上，难以潜心开展基础研究。

四是科研人员的经费支配自主权缺失。基础研究与应用研究不同，对于经费使用存在更高的不确定性和难以计划性。目前基础研究的科研经费与应用研究的科研经费统一口径管理，存在经费刻画过细、经费使用过严等问题，极大地束缚了科研人员进行基础研究的自然探索的动力，也为科研人员增加了不必要的繁重负担。有院士提出："基础研究的预算应该粗线条，不需要做那么细，做得细就是撒谎，不能预见到。"同时，现有的经费管理规定并不符合实际需求。例如，科技部科研资金使用的有关政策规定：用于工资、劳务费、单位提成等方面的资金，在事业单位不超过 5%，科研转制企业不超过 10%，企业单位不超过 15%。然而，在基础研究领域，用不到 15% 的经费进行人员工资发放显然是不能满足实际需求的。

五是科技评价导向单一、刚性、不合理。科技评价的对象是多元的，学术成果（作品）、科研机构、社会影响力、成果转化效益等都应归入评价对象，但目前我国基础研究领域的科技评价基准唯论文、唯"帽子"，造成我们评价机制刚性、片面，甚至缺乏科学依据，有院士提出："当年蔡元培可以把没有文凭的学者请到北京大学做教授，但是今天没人敢，因为肯定通不过学术委员会，这是非常严重的问题。"科研管理部门对基础研究项目及从事基础研究的科研人员仍然使用根据论文发表、学术奖励、成果转化等指标进行评价，不适应基础研究长期性和不确定性的特征。事实上，国际先行国家对于基础研究项目和人员的评价，都充分依托以学会为基础的"小同行"评议机制和评价体系，这个体制机制在我国的科技评价中尚未充分发挥作用。

三、厚植创新土壤，培育基础研究的良好生态环境

一要加大基础研究投入力度。逐步提升 R&D 投入在 GDP 中的比例，特别是研究（R）在 R&D 投入中的比例。当前我国基础研究仅占 R&D 投入的 5%，仅为发达国家的 1/3 ~ 1/4。借鉴美国、英国、日本等科技先行国家的经验，并充分结合我国建设科技强国战略的整体布局和"三步走战略"的目标定位，

力争 2020 年将基础研究占比提升到 10%，接近创新型国家水平，到 2035 年提升到 15% 达到创新型国家水平，到 2050 年提升到 20% 以上，走在世界科技强国前列。

二要建立稳定性支持和竞争性获取相结合、以稳定性支持为主的基础研究投入新机制。尊重科学规律，鼓励自由探索，增加科研单位的基本科研经费的拨款额度，提高其在总经费中的占比，使科研经费直接稳定支持科研人员，切实让科研人员摆脱年年申报、层层审批的束缚。将基础学科中对长期重点基础研究项目、重点团队和科研机构的稳定性支持比例提升到 60% 以上，并以一定比例的竞争性获取项目为辅。结合基础研究学科特点调整基金，延长资助周期，灵活资助额度，并通过种子基金等方式提供竞争性资助鼓励自由探索。完善评价体系，定期对项目及成果进行评估，并结合评估的结果调整稳定性支持的额度和周期，对优秀团队的研究工作提供稳定的长期支持。重视青年科研人员的成长，构建平等竞争的环境，为青年科研人员发展提供稳定的职业预期，鼓励青年科研人员进行长期研究。

三要把尊重科研人员的科研活动主体地位落到实处。进一步加大改革落实工作力度，着力破除体制机制障碍，充分尊重科研人员在科研活动中的主体地位，保障科研人员在立项选题、资源配置及经费使用上的自主权，完善以知识价值为导向的激励制度，改进科研经费管理制度的束缚。克服唯学历、唯资历、唯论文评价基础研究人才的不良倾向，释放人才创新创造活力，不再让科研人员"戴着镣铐舞蹈"。引入第三方督查机制，对各地各单位政策落实情况进行评估，对落实不到位的进行追责问责，确保中央支持基础研究政策的严肃性和硬约束。

四要切实发挥好科技社团在科技评价中的基础性、关键性作用。国际先行国家的科技评价职能多由科技社团、学术共同体来承担，充分尊重"小同行"在科技评价中的关键作用。科学基金的申请、科技人才评价等都需要在科技社团、学术共同体组织的学术交流平台中，公开交流、展示和评议。近年来，我国科技社团发展迅速，并已经在国际科技评价中积累了丰富的经验。对基础研究的评价应进一步充分发挥科技社团、学术共同体中"小同行"的专业性和权威性，利用独立的第三方身份，在科研项目申请、立项执行、结题评审及科研人才评价等方面发挥核心主体作用。

五要在全社会营造鼓励创新、宽容失败的文化氛围。基础研究的持续发展，需要扎根于宽容有营养的创新生态土壤，需要社会尊重科学、尊重科学家的文化环境。我国科研管理部门和科研机构应加强学术诚信体系建设，鼓励学术开放交流平台搭建，营造宽容平和的学术环境氛围。要在全社会营造鼓励创新、宽容失败的良好氛围，培育创新文化、厚植创新土壤。进一步加大对科技人物的宣传报道，弘扬新时期的中国科学家精神，让科技创新者成为具有吸引力的职业，给中国每一位青少年的梦想插上科学的翅膀。

课题组成员： 周大亚　刘　萱　李　毅　马健铨　李　响　齐海伶

关于发起成立国际科技组织
先行试点的建议

中国老科学技术工作者协会和中国科协老科技工作者专门委员会于2019年9月19日在北京召开首届"老科学家圆桌会议",邀请我国科技领域的院士专家和部分国际合作基础较好的科技社团负责人,围绕当前国际科技交流面临的重点问题进行研讨,大家一致认为:为应对科技和经济全球化的新形势及中美"科技脱钩"的新挑战,中国应更好地发挥国际多边机制和民间科技外交的作用,"以我为主"成立一批具有全球影响力的国际科技组织。

随着科技和经济全球化加速发展,全球创新版图正在深刻调整,国际竞争日趋激烈,同时,世界各国都面临诸多共同的发展问题,加强高水平科技创新与开放合作是大势所趋。美国逆潮流而动,自特朗普上任以来美国接连退出巴黎气候协定、联合国教科文组织之后,又掀起中美贸易战,试图以中美"科技脱钩"相威胁,迫使中国在经贸领域做出全面让步。中美之间正常的学术交流、人才交流受到阻碍,美国电气和电子工程师协会(IEEE)甚至一度对华为公司员工及华为公司资助的个人参与审稿做出无理限制;美国政府以"国家安全"为名收紧中国留学生签证政策,系统性地排查甚至驱赶华裔学者,甚至企图联合世界各国将中国企业排除在市场之外。因此,我国在坚定不移地实施创新驱动发展战略,练好内功的同时,应以更加积极的姿态开展国际科技交流合作,融入全球科技创新网络,"以我为主"成立一批具有全球影响力的国际科技组织,增强中国的国际话语权和深度参与全球科技治理的能力。

一、当前已具备"以我为主"成立国际科技组织的条件

一是我国科技实力显著提升，某些领域具备主导国际科技合作的基础。经过数十年的发展，我国的科技水平已经从以往的跟踪为主步入到"跟跑"和"并跑"、"领跑"并存的新阶段，并已在多个领域具备了主导国际科技合作的能力。2017 年，在科学引文索引（SCI）收录的我国论文中，国际合作产生的论文为 9.74 万篇，其中，我国作者为第一作者的国际合著论文共计 6.79 万篇，占我国全部国际合著论文的 69.7%，合作伙伴涉及 155 个国家（地区）。特别在医学领域，我国多个领域的基础研究能力都跻身世界前沿水平，并充分结合我国病源优势，将其有机转化为临床研究资源，例如中国的抗生素在全球"一枝独秀"，已成为应对美国贸易制裁的重要工具。

二是我国已具有发起成立国际科技组织的成功经验。目前，我国已与 160 个国家和地区建立科技合作关系，加入了 200 多个国际科技合作组织。中国科协已有 3 个在华发起成立的国际科技组织、2 个落户中国的国际组织科学计划办公室和 1 个在华开展工作的国际组织秘书处，在国际科技组织组建、管理、运行等方面积累了一定经验。我国发起成立的国际科技组织已在世界范围内具有较强的影响力，如中华心血管病学会，具有 41 年的国际合作经验，拥有全世界最大的会员组织，其中国外会员有 2.1 万余人，"长城心脏病学会议"等品牌性学术交流平台，获得了数十个国家、地区和国际组织的支持。

三是培养了一支熟悉国际规则的科技人才队伍。中国致力于提升科技人员的国际化视野，积极发挥其在国际化的交流、服务和展示中的作用。截至 2018 年年底，中国科协及其全国学会代表中国共加入了 374 个国际民间科技组织。经中国科协及其全国学会支持和推送，在这些国际组织担任执委以上领导职务的已有 348 人。同时在中国科协加入的 6 个国际组织中，均实现了副主席以上职级的任职，我国科学家李静海、龚克等成功当选国际科学理事会（ISC）、世界工程组织联合会（WFEO）等顶尖国际科技组织的主要领导职务，为开展国

际科技交流合作赢得了空间和主动。

四是科学家群体发起成立国际科技组织的诉求迫切。

二、改革创新，积极推进"以我为主"的国际科技组织建设

根据国际协会联盟（UIA）出版的 2017 年度《国际组织年鉴》，在中国的国际组织不足总量的 1.2%，其中在中国大陆的仅占 0.5%，科技类组织则更是少之又少，与建设世界科技强国的目标差距巨大，不利于我国科技的发展和国际影响力的提升。因此，应当聚焦多边科技合作，尽快以我为主，发起成立一批具有全球影响力的国际科技组织。

一是遴选一批条件成熟的科技社团进行试点。建议由中国科协统筹管理，根据中美科技交流中不同学科的敏感程度，分阶段开展试点，首先选择基础科学、医药卫生等一些民间科技交流较好且不在技术出口管制之内的领域，主动创造条件，开展先行先试，运用国际规则，在华发起成立一批国际科技组织。按照"一事一议"的方式，在资金、政策等方面给予更多的支持，以 5 年为周期，每年支持 10 亿元人民币，以基金的形式完善经费投入渠道，注重相关人才储备、团队支撑与国际化工作环境建设，吸引国际同行，搭建国际交流平台。

二是在国际化程度较高的地区开展先行先试。选择北京市、上海市、深圳市、香港特别行政区、澳门特别行政区等国际开放程度较高的地区，建设国际科技组织总部集聚区，积极引导新建国际科技组织来华登记并设立总部，积极争取国际科技组织或分支机构来华设立总部或秘书处，为国际科技组织发展创造新的机遇和条件。基于国际科技组织总部集聚区，搭建国际民间科技交流全球伙伴关系合作平台，开展高层来访、举办多边活动、签署合作协议、设立多边项目，切实提高中国在国际科技组织中运用国际规则、增强国际影响、凝聚行业共识的能力。

三是依托国际大科学计划和大科学工程设立科技组织。鼓励支持中国科学家主动设置、积极参与、牵头组织国际大科学计划和大科学工程，共同应对未

来发展、粮食安全、能源安全、人类健康、气候变化等人类面临的共同挑战，推动形成由中国牵头组织，世界各个国家和国际组织共同参与的大科学计划和大科学工程，并向全球发布相应的研究成果。

四是加强国际组织任职后备人选的推选和培养。支持中国科学家担任重要国际组织领导职务，推动更广泛、更高水平地参与国际组织决策和管理。根据国际科技组织职位及后备人才特点，建设高级职位后备人才库和一般职位后备人才库，鼓励和支持全国学会、协会、研究会及高等院校、科研机构、企业等通过多元化渠道选拔推荐政治过硬、业务能力强、综合素质高、外语基础好的专门人才入库。

五是依托"一带一路"倡议发起成立国际科技组织。建立完善"一带一路"沿线主要国家和地区的科技组织对话机制，注重"一带一路"沿线国家的发展需求，拓宽民间科技人文领域的交流渠道，建立多边合作机制。在"一带一路"倡议框架下，由"一带一路"沿线国家科研机构、大学与国际组织共同发起，成立综合性或专业性国际科技组织，构建科技支撑"一带一路"建设及全球社会经济可持续发展的国际合作平台，积极通过科技手段和协商形式解决发展中国家的气候、生态、环境、民生、福祉的实际问题。

六是为国际科技组织落户提供良好的政策保障。一要尊重国际规则，中国发起成立的国际科技组织要立足章程开展自主管理，依法依规开展学术交流活动；二要建立国际科技组织专项经费，避免参照"三公"经费进行管理；三要尊重东西方文化差异，创造更加国际化的科技交流环境；四要改革评价激励机制，加强对国际青年科技人才的培养，让科技人员能够在国际科技组织中"潜"得下、"泡"得住。

课题组成员： 沈　岩　赵忠贤　杨　乐　强伯勤　张伯礼　董家鸿　韩雅玲
曹晓凤　乔　杰　张志愿　田志刚　蒋建东　许　迅　徐文东
唐熠达　魏　来　蒋欣泉　李嘉根

我国在建设世界科技强国中的优势和不足

——基于世界科技强国评价指数的分析

建设世界科技强国是实现建成社会主义现代化强国伟大目标和实现中华民族伟大复兴的中国梦的战略支撑。习近平总书记强调，建设世界科技强国必须坚持走中国特色自主创新道路，面向世界科技前沿、面向经济主战场、面向国家重大需求，加快各领域科技创新，掌握全球科技竞争先机。近日，中国科协创新战略研究院课题组就世界科技强国评价开展研究，构建世界科技强国评价指标体系并展开指数分析，研究发现：中国已经确立了科技大国地位，科技强国建设在被评价的 25 个国家中属于中等略偏上的水平。然而，中国的科技强国建设存在明显的不均衡发展问题。中国的科技投入和对世界科技发展的战略引领具备较强的竞争力，但在知识产出及科技创新活动对经济社会发展的支撑方面短板明显，而科技创新活动的社会环境条件也有待进一步优化。

习近平总书记的科技创新思想及关于建设世界科技强国的系列重要讲话，为构建世界科技强国评价指标体系提供了基本理论依据。综合来看，一个国家具备系统高效的创新体系，其原始创新能力和综合科技实力在世界各国中处于领先地位，对国家经济社会发展发挥重要支撑和引领作用，即可称为"世界科技强国"。回顾世界科技发展史，从公认的老牌科技强国崛起和发展历程可以发现，世界科技强国具有六方面的共同特征：具备充沛的经费投入和人才供给；拥有大规模高质量的知识产出，成为一定时期内世界科学的中心；产生一批重大原创科研成果引领世界科技发展前沿；处于全球产业价值链的高端，科技创新有效驱动经济社会发展；有保障国家安全稳定的国防实力；以及具备有利于创新的经济社会基础。

从以上理论基础和基本特征出发，课题组构建了世界科技强国评价指标体系，选取了全球范围内经济发展程度较高、科技资源投入力度较大的 25 个国家作为评价对象，其中 20 个为经济合作与发展组织（OECD）成员国，5 个为金砖国家。上述国家的国内生产总值之和、研究与试验发展（R&D）经费投入总量的全球占比均超过 80%，具有较强的代表性。

一、世界科技强国"一超多强"的格局特征明显，美国在多方面遥遥领先，中国各维度不均衡发展较为突出

一是世界科技强国呈现"一超多强"的多极化发展格局。美国作为典型的世界科技强国，总指数得分在 25 个国家中排名第一，处于绝对领先地位，是科技强国评价的标杆国家。日本、英国、法国和德国等公认的科技强国总指数得分分别位居总指数排名的第二、第三、第五、第六，这一评价结果与侧重评价国家科技创新能力的《全球创新指数（GII）》《国家创新指数报告》的结论相互印证，五个世界科技强国均出现在两份报告排名的前 15 名中。中国在 25 个样本国家中排名第九，得分高于平均分但与排名第一的美国仍存在较大差距，相对接近英国、法国和德国的水平，在评价中处于中等偏上位置。

二是美国在五个一级指标中的三大方面领先优势明显。在科技投入维度，美国、中国处于明显领先位置，韩国、德国和日本位列其后，具有高强度的科技经费和人才投入，其中美国在"科技经费"和"人力资源"两个二级指标的得分远超其他科技强国，成为评价标杆[①]；在知识产出维度，美国占据绝对领先地位，并在"科技论文"和"创意"两个二级指标上的得分排名第一，日本、英国、法国和德国也具备大量高质量知识产出；在战略引领维度，美国处于绝对领先位置，中国、日本、英国、法国、瑞士、德国和俄罗斯成为第二梯队，均具备领跑部分世界科技前沿的能力；在支撑发展维度，典型创新型国家表现

---

① 在标杆分析法测算评价指数时，某指标排名第一的评价对象即为"评价标杆"。

突出，科技创新驱动经济社会发展特征明显。在经济社会环境维度，挪威、荷兰和比利时表现突出，具有促进科技创新活动的优良经济社会环境。

三是中国各一级指标评价结果呈不均衡发展特征。在科技投入、知识产出和战略引领维度，中国排名分别为第二、第十和第二，均高于 25 个国家的平均水平；而在支撑发展和经济社会环境维度的排名则相对较低，分别为第二十和第十九名。其中，中国"科技投入"得分仅次于美国且差距较小；"战略引领"维度尽管也位于美国之后的第二名，但与美国差距较大，且与第三、第四位的日本和英国相比并没有绝对明显的优势；中国在"知识产出"维度的得分则明显落后于其他科技强国，得分大幅低于标杆国家美国，仅略高于 25 国平均水平；在"支撑发展"和"经济社会环境"两个维度上不仅与标杆国家挪威差距较大，且低于 25 国平均水平。

二、中国在科研经费等六个二级指标排名进入全球前三位，在规模优势的基础上，科研高地等优势初步显现

一是科技投入和产出继续保持规模优势。从科技投入、产出等数量指标看，我国已经确立了世界科技大国地位。创新资源投入规模居世界前列。全球 R&D 经费主要集中在北美、欧洲和东亚三个地区。2015 年美国的 R&D 经费约占全球总额的 26%，居世界首位，中国次之，约占 21%；研发人员和科技工业人才支撑发展。中国 R&D 人员已连续 10 年居全球首位，约占全球 R&D 人员的 1/3。同期，每年新增科技人力资源居全球首位，为中国科技与工程领域储备了较充沛的后备科技人力资源；此外，知识产出增速较快，具备一定规模优势。2000—2015 年，中国 SCI 论文数量年均增速 16.4%，高于其他国家，科技期刊论文总数占全球 17.8%，仅次于美国居全球第二位。

二是科研高地等优势初现，有望较快提升发展潜力。中国在"自然指数"指标国家评价得分次于美国居全球第二位，中国科学院继续六年居于"自然指数"科研机构指数榜首。一流原创质量进一步提升。基于科研绩效分析平台（InCites）数据库的"高被引科技论文"占全球比重为 8.1%，位于全球第二；

"全球高被引科学家数量"为251名，次于美国、英国居全球第三位，近年来表现瞩目。三方专利全球比重和万名研发人员专利授权量是反映国家知识创新国际竞争力的重要指标，随着国家知识产权战略的实施，中国三方专利数量保持快速增长，占全球比重从2005年的0.85%上升到2015年的5.63%，在科技强国评价国家中位于日本、美国、德国三国之后。

三是宏观经济环境稳定，较好支撑科技强国发展。尽管我国经济已从高速增长阶段转向"新常态"，但2016年GDP增长率仍位于全球第二位，与排名第一的印度"龙象之舞"受到全球关注。中国的通货膨胀率在被评价国家中最低，经济保持稳定健康发展。在军事实力方面，国防科技是我国科技创新的重要领域，习近平总书记提出了科技兴军战略思想，必须坚持向科技创新要战斗力。近年来，中国同周边地区总体保持和平稳定。根据瑞士信贷及全球军事实力（Global Firepower）两个排行榜，美国、俄罗斯、中国均排在全球军事实力前三位。

三、基础研究短板依然突出，人才国际竞争力有待提高，科技支撑经济社会高质量发展的贡献偏弱

25个评价对象中，中国在文化创意、生态环境、信息化、营商环境、基础设施及制度保障6个二级指标上排名位于后六位；在高等教育入学率、人均教育经费支出、知识产权收入在贸易总额中的比重等13个三级指标上排名位于后六位，这些相对落后的指标影响了中国在世界科技强国指数评价中的总排名，也是我国世界科技强国建设进程中的短板。除了传统的人均类指标处于劣势，从具体指标来看，短板主要集中在以下几方面。

一是基础研究投入与发达国家差距明显，重大原创性成果缺乏。我国基础研究投入长期严重不足，2015年我国在基础研究领域共投入R&D经费716.2亿元，仅占全国R&D经费投入总量的5.1%，与世界发达国家基础研究R&D经费投入占比15%～25%有明显差距。我国科技创新源头供给不足，部分关键领域仍明显落后于国际先进水平，对世界科技发展贡献不足。中国基本科学

指标数据库（ESI）高被引论文比例相比美国较低，据 ESI 数据库 2007—2017 年论文数据显示，美国 ESI 高被引论文数排第一，占全球 25.33%，我国该比例仅为 7.66%。中国的三方专利和《专利合作条约》（PCT）专利虽然快速增长，但仍远远落后于美国、日本两国。

二是高水平科技创新人才不足，人才国际竞争力仍有待提高。目前我国仅有 1 位自然科学类诺贝尔奖获得者，而 90% 以上的诺贝尔奖获得者来自美国、英国、德国、法国、瑞典、日本等主要发达国家。在科睿唯安发布的 2017 年高被引学者名单上，美国学者人数最多，达到 1644 人；中国虽列第三，但仅有 249 人，人数不及美国的六分之一。根据《2017 年全球人才竞争力指数报告》，2017 年，我国在纳入统计的 118 个国家中，位列全球人才竞争力指数排行榜的第 54 位，对全球优秀人才的吸引力相对较弱，瑞士、新加坡、英国、美国、澳大利亚等国家位于前列。

三是知识产出的转化和经济效益不足，科技软实力尚未显现。尽管我国在以专利为代表的知识产权数量上全球领先，但在知识产权收入占贸易总额比重、印刷和出版生产占比、文化和创意服务出口在贸易总额中的比重这三个指标上均处于明显劣势。其中，知识产权收入仅占贸易总额的 0.05%，远低于排名前两位的美国（5.1%）、日本（4.7%）的水平；印刷和出版生产占比仅为 0.52%，不仅低于发达国家，也低于其他金砖国家；文化和创意服务出口仅占贸易总额比重的 0.03%，远低于排名前三位的美国（1.98%）、比利时（1.65%）和以色列（1.26%）。这些指标偏低表明我国知识产出向经济转化能力偏弱，科技软实力输出及经济效应发挥不足。

四是科技支撑经济社会高质量发展的贡献偏弱，产业结构仍待转型优化。根据耶鲁大学与哥伦比亚大学发布的全球经济体《生态环境表现指数 2016》报告，我国综合排名第 93 位，在 25 个评价对象中的排名仅高于印度。在人均预期寿命、婴儿死亡率等民生健康方面，我国的排名靠后，与日本等发达国家差距较大。从科技进步的经济成效看，劳动生产率反映了一国科技创新活动的经济发展成效和宏观影响，是决定一国经济未来增长性的标志性指标，体现了从科技强到经济强转变的最终效果。2016 年，中国劳动生产率为 1.4 万美元 / 人，从绝对水平比较看，近似为日本的 1/3、美国的 1/9、瑞士的 1/10，相比发达国家落后明显。当前我国正处于经济高速增长向高质量发展转变过程中，劳动生产率偏低表明产业结构仍侧重于劳动密集型，未来亟须加快向知识密集型产业的转型和升级，实现从科技强到产业强再到经济强的驱动效应。

四、总结和建议

世界科技强国评价指数表明，美国仍是当今世界上综合实力最强的科技强国，与日本、英国、法国等领先国家构成美国、欧洲和东亚三大世界科技中心的格局。尽管世界各国发展路径和发展速度各异，可以预见未来一段时间内，世界科技仍将保持多中心态势。中国还处于向世界科技强国进军的进程中，在某些领域已经崭露头角，但在知识产出的质量、高水平科技人才、创新制度环境，以及创新对经济社会发展的支撑方面依然短板明显。

世界科技强国崛起受到经济发展、社会进步、人才集聚等多种因素影响，不存在唯一的最优路径。针对世界科技强国评价指数的分析发现，中国在优势指标与劣势指标中都有较容易提升的潜力指标，也有长期不易扭转的老问题，关键是找出"卡脖子"的痛点和难点。针对世界科技强国评价中发现中国的主要劣势和不足，我们建议：一要不断优化创新体系布局，继续加大基础研究投入，扎实提升原始创新能力；二要着力营造促进创新创造的文化环境，加强知识产权保护，提升创新知识和文化创意的质量和效能，增强中国科技发展的"软实力"；三要进一步推动释放科技人才创新活力、促进科技成果转化，以及推动科技与经济结合等深化科技体制改革政策举措落地生根，增强创新对高质量发展的支撑引领作用；四要积极主动融入全球科技创新网络，提高中国在全球科技治理中的国际影响力和话语权。

课题组成员：邓大胜　徐　婕　张明妍　张　静

从主要评价报告透视中国
世界科技强国建设

习近平总书记在全国科技创新大会、两院院士大会、中国科协第九次全国代表大会上提出了建设世界科技强国的宏伟目标，明确提出到中华人民共和国成立100年时成为世界科技创新强国的伟大目标，这是我国科技事业发展的前进方向。客观认识我国科技创新发展与世界科技强国的差距，挖掘提升潜力，对加快科技强国建设具有重要意义。截至目前，学术界尚未形成成熟的监测评价世界科技强国的指标体系。本文通过比较分析国内外权威的国家创新能力和竞争力评价报告，以此透视中国科技创新能力在世界中的位置、优势和劣势，为加快推进世界科技强国建设提供参考。

一、评价报告指标体系

（一）报告定位

本研究选择了五份在国内外最具权威性和影响力的报告，既包括专门评价国家科技创新能力的报告，例如世界知识产权组织等发布的《全球创新指数（GII）》、欧盟委员会发布的《欧洲创新计分牌（EIS）》和中国科技发展战略研究院发布的《国家创新指数》，也包括将科学技术作为国家竞争力重要方面进行评价的综合性指数报告，例如世界经济论坛发布的《全球竞争力报告（GCI）》和洛桑学院发布的《世界竞争力年鉴（WCY）》。

由表1可以看出，五份评价报告均具有长期的研究积累，评价对象覆盖范围广，致力于识别全球主要国家科技创新和竞争力水平，希望帮助政策制定者理解创新活动和国家竞争的复杂性，并为各国经济发展政策制定提供可靠的参考依据。

表1　五份评价报告的基本情况

报告名称	发布机构	首次发布年份	发布周期	评价对象	评价关注点
全球创新指数2018	欧洲工商管理学院（INSEAD），2013年世界知识产权组织（WIPO）和美国康奈尔大学加入	2007年	每年发布	全球127个经济体	对全球国家和地区的整体创新能力进行评价，致力于帮助全球的政府决策者更好地理解和激励创新活动
欧洲创新计分牌2017	欧盟委员会	2001年	每年发布	欧盟28国、8个邻近欧洲国家和10个包括中国在内的主要竞争国家	监测评估欧盟成员国创新能力和绩效，识别欧盟成员国相对全球其他国家的创新发展水平
全球竞争力报告2017—2018	世界经济论坛（WEF）	1979年	每年发布	全球137个经济体	侧重于衡量全球各经济体生产力发展和经济繁荣的程度，帮助不同国家政策制定者理解国家发展复杂性和多面性，并依据国家竞争力现状制定有效政策的重要参考
世界竞争力年鉴2018	瑞士洛桑国际管理发展学院（IMD）	1989年	每年发布	全球63个经济体	从经济、政治、社会和文化等多方面全面评价全球主要国家和地区的综合竞争力水平
国家创新指数2016—2017	中国科学技术发展战略研究院	2011年	每年发布	40个国家	通过逐年评价与国际对比来监测我国建设创新型国家的进程，为实施国家创新发展战略提供支持信息

注：表中内容根据五份报告的基本情况整理。

（二）各报告的评价指标体系

五份评价指标报告主要从科学、技术、创新、知识和产业等方面评价一国或地区的创新能力和竞争力，评价采用的指标体系各具特点。

《全球创新指数（GII）2018》报告构建的评价指标体系包括创新投入和创新产出两个维度。①创新投入，包含制度环境、人力资源与研发、基础设施、市场成熟度和商业成熟度5个一级指标。其中，除了人力资源与研发是传统的创新人才和经费投入指标，其他4个一级指标均为有利于科技创新活动的外部环境因素。②创新产出，包含知识与技术产出和创意产出2个一级指标。其中，知识与技术产出为专利、论文和高技术产品等传统高技术产出；"创意产出"则着重考察创意产品和服务、创意文化娱乐等方面。上述7个一级指标逐层细化为80个具体评价指标，构成GII（2018）的评价指标体系。

《国家创新指数》报告的指标体系包括创新资源、知识创造、企业创新、创新绩效和创新环境5个一级指标。①创新资源，反映国家对创新活动的投入力度、人才储备及相关资源配置；②知识创造，反映国家科研产出、知识传播和整体科技实力；③企业创新，反映企业创新活动强度、效率和产业技术水平；④创新绩效，反映创新活动产生的效果和社会经济影响；⑤创新环境，反映国家创新活动依赖的外部硬件环境和软环境。上述5个一级指标细化为33个具体二级指标，构成《国家创新指数》的评价指标体系。

《欧洲创新计分牌（EIS）2017》报告的指标体系与前两份创新能力评价报告的差异较大，并不完全按照"创新投入—创新产出"理论框架进行构建，而是从框架条件、创新投资、创新活动和创新影响4个维度评价国家的创新能力和绩效，与创新活动直接相关的投入—产出指标分布在不同的维度中。①框架条件，反映国家提高创新绩效的外部环境和人才基础，包含人力资源、有吸引力的研究系统和创新友好的环境3个二级指标；②创新投资，包含公共部门对研究和创新的资助与支持和企业投资2个二级指标；③创新活动，包含创新者、不同部门间合作和知识资本3个二级指标；④创新影响，包括就业影响和销售影响2个二级指标。上述10个二级指标被细化为27个具体评价指标，构成 EIS 报告的完整指标体系①。

《全球竞争力报告（GCI）2017—2018》和《世界竞争力年鉴（WCY）2018》旨在评价国家的综合竞争力水平，评价指标体系除了包括国家的科技创新能力，还包括了经济社会的很多重要方面，评价范围更加广泛。《全球竞争力报告（GCI）2017—2018》指数由三个亚指数构成，分别为基础条件要素、效能提升要素和创新与商业成熟要素。①基础条件要素，为国家竞争力的基本方面，包括制度、基础设施、宏观经济环境、健康和初等教育 4 个一级指标；②效率提升要素，包括高等教育和培训、商品市场效率、劳动力市场效率、金融市场发展、技术就绪度和市场规模维度 6 个一级指标；③创新与商业成熟度维度，包括商业成熟度和创新 2 个一级指标。国家的发展阶段越高，创新与商业成熟度维度的指标权重越大，科技创新能力成为发达国家竞争力体现的重要方面。

《世界竞争力年鉴（WCY）2018》报告则通过评价国家促进产业发展的环境因素反映其竞争力水平，具体包括经济绩效、政府效率、商业效率和基础设施四个维度。①经济绩效，反映国内经济总体状况和效率，包含国内经济、国际贸易、国际投资、就业和价格 4 个二级指标；②政府效率，包含公共财政、财政政策、制度框架、商业立法和社会结构 5 个二级指标；③商业效率，反映劳动力市场有效性、商业组织的盈利能力和负责人行为，包含生产率、劳动力市场、金融、管理实践、态度与价值 5 个二级指标；④基础设施，包含基本状况、技术基础、科研基础、健康与环境、教育 5 个二级指标。这 19 个二级指标逐层细化为 314 个具体指标，构成了 WCY（2018）报告的完整指标体系。

（三）各报告评价指标体系比较

一是评价体系均涵盖了创新投入—产出及政策体制、创新环境等其他因素。国家制度和市场环境会对科技创新活动的影响日益显著，科技创新也会

① 由 27 个具体评价指标构成的指标体系只用于欧盟成员国的创新能力测度。对非欧盟成员国和其他竞争国家进行评价时，选择 27 个指标中数据可得性较强的 12 个构建指标体系。

明显推动经济社会的发展进程。因此，五份报告的评价指标体系时不仅关注了创新的投入—产出，还将国家的政策体制、创新环境和创新对经济发展的贡献等纳入评价范畴。例如，GII（2018）报告中的制度环境、市场环境和商业环境，EIS（2017）报告中的框架条件和《国家创新指数》报告中的创新绩效和创新环境。另外，报告除了评价与研发领域相关的创新能力，还考虑了组织创新和服务创新等非研发领域创新。例如，GII（2018）报告将创意产出设定为单独的一级指标，从创意产品、创意服务、文化娱乐等多个方面进行评价。

二是部分报告将国家创新体系作为创新能力评价的重要组成部分。部分报告将反映国家创新体系各主体间合作程度、信息开放程度等指标纳入评价体系，以反映国家创新体系各主体的合作效率。例如，EIS（2017）指标体系中设置了不同部门间合作二级指标，并采用创新型中小企业与其他主体的合作程度、公共—私营部门合作出版数量和私营部门配套资助公共部门研发支出等具体指标进行评价；GII（2018）指标体系也在商业成熟度一级指标下设置了创新联系二级指标，并采用高校、企业联合研究、来自国外的研发经费比重等指标进行评价。

三是评价报告的具体指标以定量统计数据为主。如表2所示，本次比较分析的五份报告中有四份采取了客观统计指标为主的指标体系构建方式。其中，客观指标主要采用国际通用、数据可得的统计指标，有利于更广泛评价对象间的横向比较；主观指标则主要以满意度评价方式出现，衡量被评价国家公民的态度和评价，更加全面地评估国家的创新环境和政策。但由于各国政治文化背景差异较大，主观指标的适用性容易受到质疑。并且，由于不同报告中选择的主观指标和数据来源差异较大，不同报告的评价结果难以比较，也限制了这类指标的通用性。

表2 五份评价报告评价指标数量及结构

报告名称	指标数量	指标类别 / %		备注及数据来源
		统计数据	调查数据	
全球创新指数2018	80	75	6	还有19%的复合指标。 统计数据：世界知识产权组织、联合国教科文组织、联合国工发组织、国际电信联盟、欧洲委员会联合研究中心、国际标准化组织、环球通视、夸夸雷利·西蒙兹（QS）等公开数据； 调查数据：世界经济论坛高管调查、世界银行世界治理指标调查、国际电信联盟（ITU）调查数据等
欧洲创新计分牌2017	27	100	0	统计数据：欧盟统计局、经济合作与发展组织（OECD）、其他国际组织公开数据
全球竞争力报告2017—2018	114	27	73	统计数据：世界银行、国际货币基金组织、国际电信联盟、联合国教科文组织和世界卫生组织等； 调查数据：世界经济论坛组织的高管意见调查中反映国家竞争力质量指标数据
世界竞争力年鉴2018	314	66	34	统计数据：与IMD有合作关系的57个合作机构提供； 调查数据：IMD组织各国或地区中高层经理主管人员问卷调查得到
国家创新指数2016—2017	33	67	33	统计数据：《中国科技统计年鉴》、OECD、世界银行、美国科学工程指标、世界知识产权组织、汤森路透统计数据、联合国教科文组织； 调查数据：引用GCI报告中的定性指标数据

二、评价报告结果

（一）主要经济体科技创新能力排名情况

一是五份报告排名中创新领先国家重合较多，美国和欧洲多国成为世界公认的科技创新领先国家。在上述五份评价报告的最新排名结果中，有八个国家在至少四份报告中排名前十，是国内外权威评价机构公认的创新领先国家。这些国家包括在五份报告中均排名前十的瑞士、荷兰、瑞典，和在其中四份报告排名前十的美国、英国、新加坡、丹麦和德国（表3）。其中，美国、英国和德国的经济和人口规模均位居世界前列，是传统的世界科技强国；瑞士、荷兰、瑞典和丹麦的经济发展水平较高、人口较少，是欧洲具有代表性的创新型国家。

表3　五份报告最新排名位于前十位的国家

报告名称	全球创新指数2018	欧洲创新记分牌2017	全球竞争力指数报告2017—2018	世界竞争力年鉴2018	国家创新指数报告2016—2017
评价对象 排名	127个经济体	欧盟28国、8个邻近欧洲国家和10个欧盟主要竞争国家	137个经济体	63个主要国家或地区	40个国家
1	瑞士	瑞士	瑞士	美国	美国
2	荷兰	瑞典	美国	中国香港	日本
3	瑞典	丹麦	新加坡	新加坡	瑞士
4	英国	芬兰	荷兰	荷兰	韩国
5	新加坡	韩国	德国	瑞士	丹麦
6	美国	荷兰	中国香港	丹麦	瑞典
7	芬兰	英国	瑞典	阿拉伯联合酋长国	德国
8	丹麦	德国	英国	挪威	荷兰
9	德国	加拿大	日本	瑞典	新加坡
10	爱尔兰	冰岛	芬兰	加拿大	英国

注：表中内容根据五份报告的评价指数排名整理。其中，《欧洲创新记分牌（2017）》报告仅对欧盟28国内部进行排名，其他国家仅公布测算的指数得分，本文将所有46个国家的得分进行综合排名得出表中名次，表4、表5同。

二是多个东亚和太平洋国家进入第二梯队科技大国行列，日本、韩国等国排名差异较大。五份报告中，排名基本处于11～25名的国家为第二梯队科技创新大国（表4）。这些国家既包括法国、卢森堡、挪威和奥地利等欧洲创新型国家，还包括五个东亚和太平洋国家，分别为日本、中国、韩国、澳大利亚和新西兰。亚洲成为继北美和欧洲之后第三个科技创新实力最强的地区。但五份报告对第二梯队科技大国的评价则差异较大，例如韩国在《国家创新指数》、EIS 报告和 GII 报告中分别位列第 4、第 5 和第 12，而在 GCI 报告和 WCY 报告中则没有进入前 25 名；日本在《国家创新指数》和 GCI 报告中分别位列第 2 和第 9，但在 GII 报告、EIS 报告和 WCY 报告中仅位列第 13、第 17 和第 25。

表4　五份报告最新排名 11～25 位的国家

报告名称	全球创新指数 2018	欧洲创新记分牌 2017	全球竞争力指数报告 2017—2018	世界竞争力年鉴 2018	国家创新指数报告 2016—2017
评价对象 排名	127 个经济体	欧盟 28 国、8 个邻近欧洲国家和 10 个欧盟主要竞争国家	137 个经济体	63 个主要国家或地区	40 个国家
11	以色列	奥地利	挪威	卢森堡	芬兰
12	韩国	卢森堡	丹麦	爱尔兰	法国
13	日本	比利时	新西兰	中国	以色列
14	中国香港	挪威	加拿大	卡塔尔	奥地利
15	卢森堡	爱尔兰	中国台湾	德国	挪威
16	法国	澳大利亚	以色列	芬兰	爱尔兰
17	中国	日本	阿拉伯联合酋长国	中国台湾	中国
18	加拿大	以色列	奥地利	奥地利	比利时
19	挪威	法国	卢森堡	澳大利亚	澳大利亚
20	澳大利亚	美国	比利时	英国	卢森堡
21	奥地利	斯洛文尼亚	澳大利亚	以色列	冰岛
22	新西兰	捷克共和国	法国	马来西亚	新西兰
23	冰岛	葡萄牙	马来西亚	新西兰	加拿大
24	爱沙尼亚	中国	爱尔兰	冰岛	斯洛文尼亚
25	马耳他	爱沙尼亚	卡塔尔	日本	意大利

　　三是中国基本处于五份报告排名的中等偏上位置，超过部分高收入国家，全面领跑金砖五国。五份报告的最新排名结果表明，中国已成为权威报告公认的世界科技大国，创新水平和国家竞争力位居全球中等偏上位置（表5）。GII报告指出，中国与高收入国家在创新水平和竞争力上的差距不断缩小。并且五份评价报告结果均显示中国排名位居金砖国家之首，其他金砖四国科技创新能力排名处于中等偏下位置，属于创新追赶型国家，仍有较大的进步空间。

表5　五份评价报告金砖国家排名位置

报告名称	全球创新指数 2018	欧洲创新记分牌 2017	全球竞争力指数报告 2017—2018	世界竞争力年鉴 2018	国家创新指数报告 2016—2017
评价对象 国家	127 个经济体	欧盟 28 国、8 个邻近欧洲国家和 10 个欧盟主要竞争国家	137 个经济体	63 个主要国家或地区	40 个国家
中国	17	24	27	13	17
俄罗斯	46	40	38	45	33
南非	58	41	61	53	36
印度	57	44	63	44	38
巴西	64	36	80	60	39

（二）中国科技创新优势

　　一是中国的科技创新产出具有相对优势。GII（2018）报告列出了各国创新效率指数，即创新产出与创新投入之比，中国位居第三位。这一方面是由于中国以制度环境为代表的创新投入得分较低，另一方面说明中国的创新产出得分较高。GII（2018）报告中，中国在单位 GDP 产生专利数量、单位 GDP 产生实用新型（专利）数量、单位 GDP 产生外观设计数量、单位 GDP 产生商标数量、劳均 GDP 增长率、高技术产品净出口占比和创意产品出口占比等创新产出指标均排名前三，处于绝对领先地位。EIS（2017）报告中，中国在商标申请量和外观设计申请量指标的得分也远超过包括美国、日本和韩国在内的其他国家，排名第一。

二是中国在基础教育和基础设施建设方面优势明显，为科技创新发展提供了有力支撑。中国已全面普及了城乡免费义务教育。GCI（2017—2018）报告中，中国的"初等教育入学率"为100%，位居全球第一；GII（2018）报告中，中国在国际学生评估项目（PISA）[①]的阅读、数学和科学能力测评指标上排名全球第八。近年来，中国大规模的基础设施建设不但为保持经济高速增长做出了巨大贡献，也为科技创新提供了物质基础。GII（2018）报告中，中国的"资本形成占GDP比重"为44.0%，排名全球第4；GCI（2017—2018）报告中，中国的"可用航班客运里程"达到193.4亿千米／周，排名全球第二。

三是中国的科技创新环境优势体现在市场规模和宏观经济两方面。中国世界第一的人口规模和较快发展的经济水平创造了庞大且有活力的国内市场。GII（2018）报告中，中国的国内市场规模达到2.31万亿美元，排名世界第一；GCI（2017—2018）报告中，国内市场规模和国外市场规模均为定性评价指标，中国在两项指标的得分均位居全球第一。另外，中国的宏观经济环境稳定相对稳定。GCI（2017—2018）报告中，中国的国民储蓄率占GDP比重达到45.8%，排名全球第二，通货膨胀率仅为2.0%，为全球最低。

（三）中国科技创新劣势

一是中国的高等教育质量仍需进一步提高。中国的高等教育入学率不到50%，在GCI（2017—2018）报告中排名全球第67名，在GII（2018）报告中排名全球第55名，在EIS（2017）报告中远低于欧盟平均水平。另外，GII（2018）报告中，中国的高等教育来华留学生占比仅为0.3%，排名全球第97名；EIS（2017）报告中，中国的博士毕业生人数远低于欧盟平均水平；GCI（2017）报告采用定性指标评价中国的高等教育质量，中国在教育体系质量、

————————

① 国际学生评估项目（Program for International Student Assessment，PISA），是一项由经济合作与发展组织统筹的学生能力国际评估计划，主要对接近完成基础教育的15岁学生进行评估，测试学生们是否能掌握参与社会所需的知识与技能。

数学和科学教育质量、管理学院质量和当地获得特殊技能培训指标上的排名均位于全球第 50 名之后。可以认为，中国的高等教育普及程度仍需进一步提高，高等教育质量与世界科技强国还存在较大差距。

二是中国在技术扩散方面仍存在短板。GCI（2017—2018）报告认为，中国的新技术获取和流动仍不充分，其中最新技术可获得性指标的全球排名为第 81 名，企业层面引进吸收新技术指标全球排名第 58 名，外商直接投资（FDI）和技术转移指标全球排名第 49 名，均远落后于世界科技强国水平。另外，评价报告认为技术扩散短板在需求方体现为新技术应用的普及程度。GCI（2017—2018）报告中，中国的"人均互联网用户比例"为 53.2%，排名全球第 80 名，用户平均互联网带宽为 14.7kb/s，排名全球第 106 名。GII（2018）报告中，中国的信息通信技术可获得率和信息通信技术使用率指标分别位居全球第 75 名和第 63 名。

三是中国的制度环境和市场成熟度仍是中国科技发展的制约因素。国际评价报告认为，中国在制度环境和市场成熟度方面的表现，与发达国家的市场化程度仍有较大差距。制度方面，GCI（2017—2018）报告中，中国的知识产权制度指标排名全球第 53 位，企业董事会有效性指标排名全球 126 位，投资者保护力度指标排名全球 102 位；GII（2018）报告中，中国的政治环境指标排名全球第 60 位，制度环境指标排名全球 100 位。在市场成熟度方面，GCI（2017—2018）报告中，中国在创业手续数量、创业时间、贸易关税等指标上均排名全球 100 名之后；GII（2018）报告中，中国在创业容易度和应对破产容易度指标上的排名分别为第 73 名和第 52 名。可以看出，国际权威评价机构仍认为中国的制度环境存在比较严重的官僚和干预市场机制问题，市场环境仍不够成熟。

三、总结与建议

从主要评价报告的指标体系可以看出，国家创新能力或竞争力评价框架不断丰富，从投入—产出要素评价扩展到制度环境评价，并开始将国家创新体系作为重要评价组成部分。现行指标体系多数基于国际比较的目的，在指标筛选和制定上倾向于容易获得且国际通用的统计指标，但在实践分析中，应客观看待各评价结果和排名，综合分析我国科技创新发展现状。总体上看，中国近年排名提升较快，与高收入经济体的差距正在缩小。中国总体创新能力或竞争力虽未进入世界前列，但处于快速追赶阶段。以《全球创新指数》为例，从2008年的全球第37位快速跃升至2018年的第17位，是排名前25位国家中唯一的中等收入国家，与发达经济体的差距正在缩小，并在部分指标上超越了加拿大、澳大利亚等发达经济体。中国的优势指标不断加强，非优势指标需进一步改善。我国在科技创新产出方面特别是规模指标上占据明显优势，基础教育和基础设施建设为科技创新发展提供了有力支撑，市场规模和宏观经济为科技创新提供了良好稳定环境。在未来科技强国建设过程中，要进一步强化优势指标，继续加强研发经费和人力资源的投入力度，优化投入结构，特别是加强基础科学研究的经费和人力的投入。在高等教育质量、技术扩散、市场成熟度及制度环境方面我国虽已有较大改善，但相比典型科技强国或创新型国家仍有较大差距，这些指标是制约我国科技强国建设的主要因素。在未来科技强国建设中，要进一步加强制度环境建设，努力提升人才供给质量，提高企业科技竞争力，并不断完善创新生态环境质量。

课题组成员： 张　静　胡林元　徐　婕　张明妍

基础研究与支撑经济社会发展不足是我国与世界科技强国的主要差距

习近平总书记强调，建设世界科技强国必须坚持走中国特色自主创新道路，面向世界科技前沿、面向经济主战场、面向国家重大需求，加快各领域科技创新，掌握全球科技竞争先机。近日，中国科协创新战略研究院课题组就世界科技强国评价指标开展研究，构建并测度了世界科技强国评价指数，结合《全球创新指数》《全球竞争力报告》等国外评价报告的对比分析发现，我国与美国、日本、英国等传统世界科技强国的差距凸显在科技创新的两端：原始创新能力薄弱及科技创新支撑经济社会发展不足两方面。

一、基础研究短板依然突出，原始创新能力不强

一是基础研究投入与发达国家差距明显，企业对基础研究重视不够。长期以来，我国基础研究投入严重不足，2015 年我国在基础研究领域共投入 R&D 经费 716.2 亿元，仅占全国 R&D 经费投入总量的 5.1%，与世界发达国家基础研究 R&D 经费投入占比 15% ～ 25% 有明显差距。与此同时，我国基础研究投入结构不合理，主要体现在我国目前的基础研究投入 90% 以上来自政府，远高于世界发达国家水平（该比例不超过 50%），而来自企业等社会力量的投入所占比例较低。此外，企业对基础研究的重视相对不足。2014 年，中国的企业基础研究支出仅占全社会总基础研究支出的 1.6%，美国企业基础研究支出为 20% 左右，日本和韩国分别达到 40% 和 50%。

二是重大原创性成果缺乏，多领域核心技术尚未掌握。世界科技强国的科技实力整体领先主要表现在重大科学发现集中发生、关键技术创新集中爆

发，形成一批能够推进世界科学进程的重大原始创新成果。我国科技创新源头供给不足，部分关键领域仍明显落后于国际先进水平，对世界科技发展贡献不足。中国基本科学指标数据库（ESI）高被引论文比例相比美国较低，据 ESI 数据库 2007—2017 年论文数据显示，美国 ESI 高被引论文数排第一，占全球 25.33%，我国该比例仅为 7.66%。中国的三方专利和 PCT 专利虽然快速增长，但仍远远落后于美国、日本两国。以 2018 年"中兴事件"为代表，我国在芯片技术、集成电路与专用设备、高档数控机床、航空航天装备、海洋工程装备及高技术船舶、汽车、农机装备、高性能医疗器械等多个领域同国际先进水平仍存在明显差距。

三是高水平科技创新人才不足，人才国际竞争力仍有待提高。目前我国仅有 1 位自然科学类诺贝尔奖获得者，而 90% 以上的诺贝尔奖获得者来自美国、英国、德国、法国、瑞典、日本等主要发达国家。在科睿唯安（Clarivate Analytics）发布的 2017 年高被引学者名单上，美国学者人数最多，达到 1644 人；英国学者 344 人，位居第二；中国仅有 249 人，居于第三。顶尖科学家仍相对稀缺，以计算机领域为例，美国计算机协会资深会员（ACM Fellow）代表全球最高水平，其 1107 位资深会员中，仅有 50 余位华人计算机科学家，而中国科学家则更少。根据《2017 年全球人才竞争力指数报告》，2017 年，我国在纳入统计的 118 个国家中，位列全球人才竞争力指数排行榜的第 54 位，对全球优秀人才的吸引力相对较弱，瑞士、新加坡、英国、美国、澳大利亚等国家位于前列。

二、科技支撑经济社会高质量发展的贡献偏弱，科技进步成效有待提升

一是科技在支撑经济发展质量和效益上仍有待提升。劳动生产率反映了一国科技创新活动的经济发展成效和宏观影响，是决定一国经济未来增长性的标志性指标，体现了从科技强到经济强转变的最终效果。2016 年，中国劳动生产率为 1.4 万美元 / 人，从绝对水平比较看，近似为日本的 1/3、美国的 1/9、瑞

士的 1/10，相比发达国家落后明显。当前我国正处于经济高速增长向高质量发展转变过程中，劳动生产率偏低表明产业结构仍侧重于劳动密集型，未来亟须加快向知识密集型产业的转型和升级，实现从科技强到产业强再到经济强的驱动效应。

二是科技支撑社会发展方面仍与主要国家差距明显。以高等教育毛入学率为例，2016 年，美国和韩国都进入了高等教育普及化阶段，毛入学率均在 85% 以上，瑞士、英国、德国和日本等高等教育入学率在 60% 左右，而中国这一指标为 42.7%。《全球竞争力报告 2017—2018》采用定性指标评价中国在教育体系质量、数学和科学教育质量、管理学院质量和当地获得特殊技能培训指标的排名均位于全球第 50 名之后。在反映社会生活质量高低的人均预期寿命方面，根据世界银行发布的主要国家人均期望寿命情况，2015 年，日本、英国、法国、德国均超过 80 岁，其中日本最高为 83.7 岁，中国仅为 76.1 岁。在生态环境方面，根据耶鲁大学与哥伦比亚大学发布的全球经济体《生态环境表现指数 2016》报告，我国综合排名第 93 位，远远落后于英国、法国、德国、美国、日本等发达国家。

三是制度环境建设仍是中国科技发展的制约因素。制度方面，在《全球竞争力报告 2017—2018》中，中国的知识产权制度指标排名全球第 53 位，企业董事会有效性指标排名全球第 126 位，投资者保护力度指标排名全球第 102 位；《全球创新指数（2018）》报告中，中国的政治环境指标排名全球第 60 位，制度环境指标排名全球第 100 位。在市场成熟度方面，《全球竞争力报告 2017—2018》中，中国在创业手续数量、创业时间、贸易关税等指标上均排名全球第 100 名之后；中国在技术扩散方面仍存在短板，在最新技术可获得性、企业层面引进吸收新技术、外商直接投资（FDI）和技术转移方面均远落后于世界科技强国水平。在《全球创新指数（2018）》报告中，中国在创业容易度和应对破产容易度指标的排名分别为第 73 名和第 52 名。可以看出，国际权威评价机构仍认为中国在制度环境和市场成熟度方面与发达国家的市场化程度有较大差距。

三、建议

我国建设世界科技强国，迫切需要健全国家创新体系，提升国家创新体系的整体效能。既要"顶天"，面向世界科技前沿，面向国家重大需求，加强基础研究，推进原始创新，赢得战略主动；又要"立地"，面向经济发展主战场，将科技成果转化为现实生产力，强化科技和创新的战略支撑作用。

一是夯实科技基础，推动原始科技创新。加大基础研究经费投入和政策支持力度，让科学研究更加重视基础，更加突出科学前沿，更加注重基础研究人才队伍建设，丰富和优化我国基础研究的资助机制。依托国家重大科技计划，加强对重大科学问题的超前部署，强化前瞻性基础研究和颠覆性技术突破。在重大创新领域组建国家实验室、工程研究中心、技术创新中心，聚焦国家目标和紧迫战略需求，组织重大科技攻关，破解创新发展难题，抢占引领未来发展的战略制高点。

二是加强科技供给，服务经济社会发展主战场。强化科技服务经济社会发展的战略导向，加大应用基础研究力度，科技项目立项瞄准经济社会发展的重大需求，鼓励和推进研究成果的社会共享和社会贡献率。坚持以企业为创新主体、市场为导向的技术创新体系建设，让创新资源更好地围绕市场需求和企业需要配置。加强知识产权保护，保护科学家权益，鼓励科学家面向应用开展创新研究。加大公民科学素质的培养，建立相应科学技术人才教育体系，为万众创新服务。

课题组成员：张明妍　徐　婕　张　静

我国南极事业发展现状、存在问题及对策

南极是目前世界上唯一没有划定领土主权的处女地，蕴藏丰富的自然资源，战略地位不言而喻。习近平总书记指出，我国应"认识南极、保护南极、利用南极"，是我国南极事业发展的指导思想。南北极资源是特殊的科研资源，其特殊的地理条件、自然环境和天气系统，是人类宝贵的科研财富。为提升我国南极研究的战略地位，推动南极治理朝着更加公正、合理的方向发展，进一步提高我国在南极事业的参与度和话语权，我们在文献研究的基础上，于2019年11月21日组织了专家座谈会，充分听取了专家意见，形成如下报告。

一、我国南极事业发展现状

中国南极考察始于1980年前后，经历了准备初创阶段（1980—2000年）和发展壮大阶段（2001—2015年）。南极事业从无到有，由小到大，在南极基础建设、文化宣传、科学研究、环境保护、可持续利用、全球治理、国际交流与合作等领域均取得了重要成就，引起国内外高度关注。2017年5月中国国家海洋局首次发布了白皮书性质的《中国的南极事业》发展报告[1]，全面回顾了我国南极事业的发展。

目前，我国在南极已经建成了"两船四站一飞机一基地"的基本格局，形成了"破冰船—考察站—内陆车队—小飞机"的科考支撑体系，能满足目前南极考察活动综合保障的基本需求。南极考察从西南极的南设得兰群岛区域拓展

---

① 2017年5月22日，中国国家海洋局发布了《中国的南极事业》，这是我国政府首次发布的白皮书性质的南极事业发展报告。

至东南极拉斯曼丘陵和普里兹湾区域，再进一步延伸至南极内陆冰穹 A 区域，考察活动范围和领域持续拓展。我国在南极的基础设施建设已经进入世界南极强国第一梯队行列。

科研投入方面，我国依托南极考察站和中国极地研究中心，构建了雪龙船科考实验室、雪冰气候和气候变化实验室、空间物理实验室、南极生物生态实验室，为南极科学考察和研究搭建了平台。极地考察近 40 年以来，南极的财政投入约为 70 亿人民币，直接用于科研或者科研相关业务（包括基础观测、监测、调查等）的约有 19 亿人民币（通过极地办口径统计得出）。但是与美国同期相比，我国总体投入不到其 1/10，科研投入则更少。据不完全统计，中国 2001—2016 年南极科研项目投入仅 3.1 亿元人民币，而美国南极项目（US Antarctica Program，USAP）仅 2012 年获得的资金支持约为 3.5 亿美元 [①]。

科研产出方面，近年来科研成果的数量显著提升，在大气科学家王会军院士、测绘物理专家李斐教授、极地环境遥感监测专家程晓教授、船舶与海洋工程水动力学专家万德成教授等一批国内顶级科学家的带领下，我国与南极相关的论文发表数量已跻身世界排名前十行列（图 1），2018 年以来年发文量超

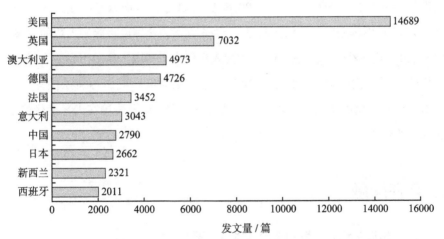

图 1　南极相关研究发文量排名前十的国家或地区（1980—2019 年）

① 王文，姚乐. 新型全球治理观指引下的中国发展与南极治理——基于实地调研的思考和建议［J］. 中国人民大学学报，2018（3）：123-134.

过 300 篇（图 2）；但是论文质量与老牌极地强国相比仍有差距，2000 年至今，论文发文量前 100 名的作者中没有中国科学家。总体来说，我国南极科研水平处于较低水平。

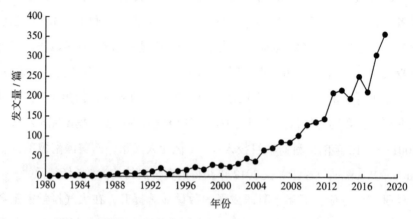

图 2　中国南极研究相关论文年发文量统计（1980—2019 年）

资源开发利用方面，我国注重对南极海洋生物资源的合理利用。从 2009 年开展南极磷虾捕捞作业以来，截至 2016 年 11 月底，年均磷虾产量约 3 万吨。2016—2017 年中国赴南极旅游人数已达 5286 人，占全球南极旅游人数的 12%，2018—2019 年为 8100 人，占 15%，旅游人数仅次于美国，旅游市场潜力巨大。

总的来说，我国南极事业已经迎来了大发展时期。我们必须抓住发展机遇，以全球视野思考南极对中国未来发展的重要性，以及中国在未来南极治理中应发挥的作用。

二、存在问题

1. 对《南极条约》及其相关治理体系的研究不足

自第二次世界大战结束以来，国际社会的南极治理建立在以《南极条约》（1959 年签订）为核心的治理体系之上，该体系由南极条约及与之相关公约、建议和措施构成，是维护南极地区和平稳定，促进全人类共同保护、研究、科学利用南极的基石。中国加入南极条约体系较晚，与美国、英国、澳大利亚等南极事务强国相比，中国对南极治理的参与能力和参与程度有待进一步提升。一方面中国在南极的领土主权、环境保护、资源利用等核心问题的国际公约方面研究不足，国际话语权较低；另一方面国内关于南极事业发展、资源开发、商业旅游等方面的法律法规也亟待建立完善。中国科协副主席、中国工程院院士周守为强调，"一定要重视关于南极国际条约的研究。我们仅仅做南极科考还不够，要通过国际上的条例和办法掌控局势，表达发展中国家意愿"。

2.南极事业基础设施建设有待进一步加强

虽然我国在南极已经建成了"两船四站一飞机一基地"的基本格局，但是距离极地强国仍有一定差距。一是船力不足。中国科考船"雪龙号"原船长王建忠认为，大船在考察站的维护、补给、设备运输方面无可替代，现在的雪龙1号和雪龙2号最早的建于1989年，至今经过了三次大的维修改造升级，但是船的框架和龙骨很难换，目前两条船保养比较好的情况下能维持当前几个站的基本科考需求。如果全面开展科考，从长远来看至少需要3～4条船。他建议"代替雪龙船的建造应马上上马"。二是亟待建立洲际航空飞行体系。中国极地研究中心研究员李院生认为，在南极搞科学研究，还是洲际飞行最实用，一定要在南极搞一个机场。中山大学测绘学院院长、极地环境遥感监测专家程晓教授也认为，"美国人有十几架飞机支撑南极科考，能够保证在任何时间把美国科学家投放在南极的任何地点；中国只有一架飞机，飞机资源很紧缺"。三是卫星遥感系统几近空白。程晓教授指出，南极是最好的实验场，但是目前我国没有一个卫星能够对极地实施有效观测，我们的科考数据传输需要租赁美国的国际卫星通道，这是我国南极事业发展的极大隐患。

3.南极事业发展相关的核心技术水平较低

周守为院士认为，最新的研究成果表明南极的大陆架及冰架下面的油气资源非常丰富，现阶段一定要做好到南极进行油气资源勘探开发的技术储备和装备的储备工作。李院生研究员认为，勘探南极资源一定要依靠自己的装备，目前南极考察就缺地球物理调查手段。我们钻冰的探头、探测冰下矿产资源的重力计和磁力计等核心设备均需进口，雪龙号上85%以上的设备均为进口，国产率非常低，卡脖子技术难题亟待攻克。一旦发生国家之间的摩擦，无法购买核心设备，我国南极科考工作将无法开展。

4.从事南极事业发展研究的各类人才非常欠缺

首先，由于南极极端的气候环境和实地科考的不确定性，从事南极科学研究的科研人才相对较少，无法支撑我国南极强国的发展目标。程晓教授说，做南极研究不仅周期长，条件差，而且存在生命危险，很多人都有高血压等职业病。因此研究圈子比较小，很多人都是靠情怀在搞科研。其次，极地装备技术人才数量不足，业务能力有待提升。国家海洋局极地考察办公室副调研员李红蕾说，"我们数据方面很欠缺，从科考数据到治理话语权，这中间有很多层级，这方面的人才非常欠缺，希望社会各界能给予更多关注"。此外，专家们也认为极地航行人才是空白，目前只靠着老人带新人的言传身教，极地航行的理论和经验缺乏总结和传承。

5.南极事业发展缺少顶层规划设计

目前，美国、英国等主要发达国家制定有自己的国家南极发展计划或战略。我国南极事业牵扯到很多部委，如外交部、科技部、自然资源部、生态环境部、农业农村部、交通运输部、工信部等。因此在具体操作层面往往会出现一些配合不到位、重复推进、延续性不足、资源浪费等问题。据了解，现在我们国家层面有两个极地委员会，一个是国家海洋局成立的国家极地科学技术委员会，一个是科技部成立的极地科技专家委员会，两个委员会主任都是徐冠华院士，专家组成也多有重合。程晓教授认为，当前制度下没有最大限度地利用国家资源，部门割裂造成"南极科考资源没有向一线科学家倾斜，机会不稳定"，研究的可持续性无法保证。他呼吁，从国家层面对考察船去南极的行程及人员安排建立统一调配机制。

三、对策建议

1.重视和加强对南极条约体系的研究

南极条约体系在全球治理体系中占有独特地位，应在严格遵循现有条约的基础上，深入研究，提高我国每年向南极条约协商国组织（ATCM）提交报告的数量，提出符合全人类保护和开发利用南极的新条约，履行国际义务和提升我国在国际南极事务中的作用和话语权。以南极条约体系的演进方向为抓手，加快制定中国南极政策，建立完善我国在南极事业发展、资源开发、南极旅游方面的法律法规。

2. 优化南极事业投入

中国要想在南极事业发展中取得更大成果，应持续加大资金投入，用于支持南极基础设施建设、后勤保障能力、科学考察、战略和政策法规研究。加大以资源潜力为目标的科学考察和研究工作，设立极地研究专项，形成全国一盘棋格局，进一步推进顶级研究成果的产出。中国人民大学重阳金融研究院院长王文建议，将南极事业发展纳入"一带一路"发展战略，争取获得更多的政策和资源倾斜。将社会力量纳入进来，选择有能力、有责任感的民营企业进行引导和规范，激励民营企业为我国南极事业发展做出贡献。

3. 大力提升关键领域核心技术能力

提升观测能力是南极科考重中之重的工作，也是我国南极事业的重要支撑。必须加大支持自主极地观测装备、极地天基观测系统的研制力度，切实提升我国对南极的综合观测能力。积极推动搭建产业协同创新共同体平台，以龙头企业为主体，整合高校、科研机构力量，围绕核心技术难题开展攻关。

4. 加强人才培养和储备

加大国家级极地科研平台的建设，同时加大对极地人才队伍的建设扶持力度，吸引更多优秀科学家进入极地领域，培养一批新时代的极地优秀青年科学家队伍。加强国际人才交流和国际合作，设立高级别的研究学会。加大南极科学和环保的科普宣传和教育，设置南极事业发展相关的学科和专业化课程，做好人才储备工作。

5. 加强国家南极战略顶层设计

建立国家层面的南极工作协调机制或领导小组，有针对性地推动出台南极协调机制，协调军方及各部委资源支持和参与南极事业。重视南极科学研究的顶层设计，制订我国南极发展计划，编制南极科技创新规划。重点围绕前瞻性、全局性、战略性的重大问题，将南极科学考察研究纳入《"十四五"科技规划》。从技术装备、硬件、人才建设等方面，全社会统一力量，推动南极事业大发展。

课题组成员： 周守为　王建忠　李院生　程　晓　王　文　李红蕾

我国高校科协总体覆盖率偏低，部分高等教育发达地区高校科协建设亟待加强

　　高校科协、企业科协、园区科协、乡镇（街道）科协是科协系统的基层组织，在整个中国科协组织体系中发挥重要作用，关乎科协组织的群众基础。为深入落实习近平总书记关于科协组织建设"接长手臂，扎根基层"的重要指示精神，贯彻党中央的群团工作部署，解决科协组织与科技工作者联系不紧不亲的问题，近日，中国科协党组、书记处提出了在高校、企业、园区、乡镇（街道）实现科协组织科协工作全覆盖的"四个全覆盖"目标。基于2016年中国科协系统综合统计数据，我们以高校科协为例，对截至2016年年底全国高校科协的分布情况进行了分析。

一、全国高校科协分布的基本情况

（一）高校科协总量未呈增长态势

　　高校科协是高校科技工作者之家，是中国科协系统在地方高校的基层组织。从高校科协总量上看，2016年，全国共有高校科协662个，个人会员54.7万人，团体会员1439个；全国共有高校科协联盟2个，分别为黑龙江省和江苏省的高校科协联盟，其中，江苏省的高校科协联盟已在民政部门登记。2016年全国高校科协数量比2015年有大幅减少，但由于2016年的统计数据为根据各省级科协填报的数据汇总，修正了省级与地市级等部分高校科协重复填报情况，数据准确性更高。

（二）东部地区高校科协数量相对最多，但高校科协覆盖并无优势

从高校科协区域分布上看，东部地区高校科协数量最多，其次是西部地区。东部地区高校科协 265 个，占全国的 40%；其次是西部地区，高校科协164 个，占 24.8%；中部地区和东北地区分别占 18.7% 和 16.5%（图 1）。全国各省（自治区、直辖市）中，江苏省高校科协数量最多，有 66 个；福建省和辽宁省各有 61 个和 55 个，位列第二、第三（表 1）。

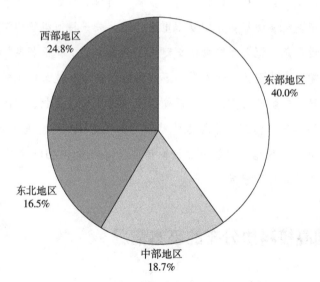

图 1　四大地区高校科协分布（2016 年）

表 1　29 个省（自治区、直辖市）普通高校及高校科协分布（2016 年）

地　区	普通高校 / 个	高校科协 / 个	高校科协覆盖率 / %
北京市	92	20	21.7
天津市	57	6	10.5
山西省	80	8	10.0
河南省	134	7	5.2
湖北省	129	39	30.2

地　区	普通高校 / 个	高校科协 / 个	高校科协覆盖率 / %
湖南省	124	25	20.2
广西壮族自治区	74	34	45.9
内蒙古自治区	53	2	3.8
辽宁省	115	55	47.8
吉林省	62	24	38.7
黑龙江省	81	30	37.0
上海市	64	14	21.9
江苏省	167	66	39.5
浙江省	107	43	40.2
安徽省	119	19	16.0
福建省	89	61	68.5
江西省	100	26	26.0
山东省	145	36	24.8
海南省	19	0	0.0
重庆市	65	23	35.4
四川省	109	0	0.0
贵州省	70	9	12.9
云南省	77	10	13.0
西藏自治区	7	5	71.4
陕西省	93	24	25.8
甘肃省	49	13	26.5
青海省	12	0	0.0
宁夏回族自治区	19	2	10.5
新疆维吾尔自治区	47	19	40.4
合计	2631	662	25.2

　　我国总体高校科协数量占全国普通高校比例为 25.2%。从各地高校科协
建设比例上看，高校科协覆盖率位于全国前三位的地区分别是西藏自治区

（71.4%）、福建省（68.5%）和辽宁省（47.8%），新疆维吾尔自治区、浙江省和江苏省三个地区的高校科协覆盖率在四成左右，排名相对靠前（图2）。

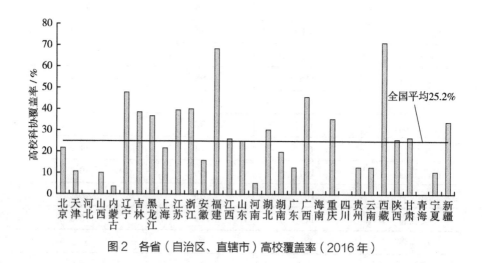

图2 各省（自治区、直辖市）高校覆盖率（2016年）

（三）设立高校科协的高校各类特征差异较大

2016年科协系统综合统计填报时，北京等四个地区提供了本地区的高校科协清单，我们进一步分析了这些地区高校科协所在高校的性质、办学层次等信息（表2）。

表2 四地区高校科协建立情况

地区	高校数量／个	高校科协数量／个	高校科协覆盖率／%
北京市	92	20	21.7
湖南省	124	25	20.2
广东省	151	19	12.6
重庆市	65	23	35.4

1. "985" "211" 高校设立高校科协的比例相对最高

从办学性质来看，公立高校设立高校科协比例显著高于民办高校，以北京地区为例，分别为 25.0%、6.3%；从办学层次看，本科高校设置高校科协比例普遍高于专科高校，设置比例分别为 26.9%、8.0%；从学校类型看，"985""211"高校设立高校科协的比例相对最高，北京地区达 38.5%，部分地区甚至达到 100%，且该比例显著高于一般院校；从不同主管部门的高校设立高校科协的比例看，教育部主管高校设立高校科协的比例相对略高，以北京地区为例，教育部直属高校与其他部委直属高校、地方直属高校设立高校科协的比例分别为 32.0%、15.4%、18.5%（表 3）。

表 3　四地区不同类型高校设置高校科协的比例　　　　　单位：%

地区	按办学性质		按办学层次		按学校类型		按主管部门		
	公办	民办	本科	专科	"985""211"	一般院校	教育部直属	其他部委直属	地方直属
北京市	25.0	6.3	26.9	8.0	38.5	15.2	32.0	15.4	18.5
湖南省	25.8	3.2	45.1	2.7	100.0	18.2	100.0	0.0	19.0
广东省	15.8	6.0	15.6	10.3	0.0	12.9	0.0	0.0	13.0
重庆市	51.3	11.5	56.0	22.5	100.0	33.3	100.0	—	33.3

2. 不同地区高校科协所属高校的各类性质特点差异较大

从高校科协所属高校的办学性质来看，北京地区仅北京工业大学耿丹学院一所民办高校设立了高校科协，广东省、重庆市两地分别有三所民办高校设立高校科协；从高校科协所在高校的办学层次看，广东省 19 所高校科协中，所属专科院校九所，专科院校与本科院校之比为 47.4：52.6，专科院校在四个地区中占比相对最大；从高校科协所在高校的学校类型看，北京地区"985""211"高校与一般院校各占五成，而其他地区一般院校高校的比例在 88% 以上，这部分与北京地区"985""211"高校数量较多有关；从高校科协所在高校的主管部门来看，北京地区高校科协所属高校教育部直属的比例较高，占 40.0%，湖南省、广东省、重庆市三地高校科协所属高校地方院校的比例较高，均占 90% 以上（表 4）。

表4　四地高校科协所在高校的类型分布　　　　　　单位：%

地区	按办学性质		按办学层次		按学校类型		按主管部门		
	公办	民办	本科	专科	"985""211"	一般院校	教育部直属	其他部委直属	地方直属
北京市	95.0	5.0	90.0	10.0	50.0	50.0	40.0	10.0	50.0
湖南省	96.0	40.0	92.0	8.0	12.0	88.0	8.0	0.0	92.0
广东省	84.2	15.8	52.6	47.4	0.0	100.0	0.0	0.0	100.0
重庆市	87.0	13.0	60.9	39.1	8.7	91.3	8.7	0.0	91.3

二、统计数据反映的主要问题

（一）高校科协总体覆盖率偏低

我国高校科协的绝对数量与覆盖率都相对较低。从历年数据看，尽管考虑到去除了部分重复统计的因素，但"十二五"期间，我国高校科协总量没有呈现稳定增长的态势，数量上一直有所波动，全国高校科协总体还处于"布点"的初级阶段。虽然2015年1月中国科协与教育部联合出台了《关于加强高等学校科协工作的意见》，但两年来高校科协数量也未受到政策推动而进一步增长。全国总体高校科协覆盖率仅约为1/4，且有17个省（自治区、直辖市）高校科协覆盖率低于全国平均水平，距离基层科协"全覆盖"的目标仍然任重道远。

（二）部分高等教育较发达地区的高校科协建设相对滞后

数据显示，北京市、上海市等高等教育较发达地区的高校科协覆盖率低于全国平均水平，与其所在地区的高等教育发展水平并不相称。与之形成对比的是，西藏等高等教育欠发达地区，高校数量较少，但高校科协覆盖率较高。结合各地区高校绝对数量与高校科协建设情况看，辽宁省、浙江省和江苏省在高校科协的绝对数量与覆盖率方面均处于相对较好的水平，但也不足五成，都还有较大的提升空间。

（三）其他部委和地方主管的高校推动高校科协建设的进程较慢

从四地的数据来看，教育部主管的高校设立高校科协的比例较高，显著优于其他部委主管和地方主管高校的高校科协建设比例。总体而言，学校办学层次和办学水平越低，设立高校科协的比例也越低，民办高校的高校科协建设也明显落后于公办高校。

三、对中国科协系统高校科协建设的有关建议

1. "分步走"加快推进高校科协建设

从统计数据反映的信息看，可率先从"985""211"高校或教育部主管高校着手实现"全覆盖"目标，这也是一个相对容易实现的目标。但另一方面，由于中央在 2015 年年底通过《统筹推进世界一流大学和一流学科建设总体方案》即"双一流"战略目标，目前"985""211"高校的概念已有所淡化。2017 年 9 月 21 日，42 所一流大学建设高校和 95 所一流学科建设高校名单发布。建议科协把握国家高等教育建设改革的契机，关注"双一流"战略在高校的布局，推进高校科协在这类高校率先实现"全覆盖"。

2. 北上广地区高校科协建设需要重点推动

目前，北京、上海等地高校科协的覆盖率偏低，与其在我国各地区中高等教育发展水平、高等学校数量、经济社会发展水平等并不相称。建议着力推动这些地区高校科协建设，发挥更好的示范和带动作用。

3. 尽快进行全国高校科协的普查和研究

根据历年《中国科学技术协会统计年鉴》，近 10 年来全国高校科协的统计数据一直处于波动态势，且往往与中国科协组织人事部掌握的数量情况不一致。2016 年的科协系统综合统计对"高校科协"指标采取了由各省级科协填

报本地区内的高校科协数的方法，较好地避免了地市科协重复填报的情况。建议中国科协尽快对高校科协进行定期普查和研究，及时发现、总结高校科协建设过程中的相关问题和经验。

课题组成员： 徐　婕　黄　辰　刘馨阳

第四篇

产业发展领域

大力发展机器人产业助力
东北地区振兴

目前，全球机器人产业市场增长具有较大潜力，各国纷纷有所布局。我国未来将成为机器人应用的最大市场，亟须大力发展机器人技术和产业。东北地区发展机器人产业有助于实现产业转型和高质量发展，东北地区机器人产业具有良好基础和专属优势，同时也存在着技术、人才、环境等方面的问题。为此，哈尔滨工业大学相关院士专家对我国东北地区发展机器人产业的必要性、优势和问题进行深入分析并提出对策建议。现予编发，供参阅。

东北地区是我国重要的工业基地，早在 20 世纪 50 年代就已初步建成较完整的工业体系，有力地支援了全国的经济建设，为我国的发展壮大做出过历史性的贡献。东北地区是中国机器人的发源地，但发展至今，东北地区的机器人产业及科技都未能居于国内前列。本文从机器人产业发展进行分析，探索当前东北地区工业技术创新方面存在的问题，并提出相关对策建议。

一、机器人产业发展充满机遇，东北地区具有良好基础和专属优势

目前，全球机器人产业市场增长具有较大潜力。根据《中国机器人产业研究报告（2018）》，2013—2018 年全球机器人市场规模的平均增长率约为15.1%。工业机器人市场是其中最大的部分，占据总市场份额的一半以上，工业机器人正迎来整个产业发展的黄金机遇期。随着市场认知和成熟度的提高以及场景应用融合度的增加，工业机器人、服务机器人和特种机器人领域在未来

3～5年都将有较强的表现。因此，各国都大力发展机器人产业，如美国将发展机器人作为重振制造业重要手段之一，日本将先进机器人纳入"新经济增长战略"，欧盟"工业4.0"计划高度重视机器人发展，韩国扩大机器人产业外延以抢占国际市场等。

我国原有的人口红利正在逐步消失，传统产业的转型升级必然导致中国对工业机器人需求剧增，中国将成为机器人应用的最大市场。然而，我国机器人产业及相关技术发展水平与美国及欧盟相比还有很大差距。美国、日本和一些欧洲国家是世界上公认的机器人技术强国，代表公司有德国的库卡机器人公司、瑞士的阿西布朗勃法瑞公司、日本的安川电机株式会社和发那科公司，这四大巨头占据了世界绝大部分市场。美国是机器人产业原创者，第一台机器人诞生在美国，目前美国已实现智能与网络技术在机器人领域的充分应用。欧洲，特别是德国的机器人技术及自动化技术已经非常完善和成熟。日本机器人产业发展得很好，机器人拥有量最多，技术非常成熟。我国从1986年开始研发机器人，"中国制造2025"大力扶持机器人产业发展，多个地区都把机器人作为重点产业发展，相继提出打造不同类型的机器人产业基地，全国机器人产业园区有40多个，企业数超过3800家。但目前机器人产品多处于产业低端水平。

东北地区是中国机器人的发源地，也是重要的机器人产业基地之一，其机器人产业及技术具有鲜明的航天国防特色；此外，在东北地区发展机器人产业有助于实现东北地区传统制造业转型升级。蔡鹤皋院士是我国机器人领域的开拓者，率先研制出我国第一台弧焊机器人和点焊机器人。20世纪90年代，开始研发服务型机器人。进入21世纪以后，研究重点从服务机器人转向至极端作业机器人，其特色是将基础研究与国家重大需求及国民经济主战场紧密结合，在载人航天、探月工程、特种环境机器人等多个领域获得多项重要研究成果。2007年，哈尔滨工业大学成立了机器人技术与系统国家重点实验室，2017年成立国家机器人创新中心，孵化出哈尔滨博实自动化股份有限公司、埃夫特智能装备股份有限公司等一大批工业机器人龙头企业，培养出一大批机器人技术领军人物和专业人才，分布在国内外机器人行业，为我国工业机器人和特种机器人发展提供原动力。2018 年 11 月 9 日，东北地区规模最大的工业机器人实训基地在沈阳永安机床小镇落成，有利于助力新一轮东北地区振兴。

二、东北地区发展机器人产业仍面临一些亟待解决的问题

一是相关核心与关键技术基础薄弱，智能机器人技术亟待突破。我国机器人技术发展已有 30 多年历史，虽然水平提升很快，但基础技术仍很薄弱，长期存在基础器件、核心工艺、关键材料、系统软件等底层技术发展进度缓慢的问题，芯片、传感器、伺服系统、精密减速器等关键部件依赖国外进口。智能机器人是下一代机器人发展的重点方向，真正的智能需要数学、物理、传感器高度融合。而不仅仅是依托互联网实现的智能技术，当前工业智能化难点的研发组织、能力与水平和机器人产业发展的需求不相适应。这是我国机器人产业和国外几个大公司相比，没有核心竞争优势，缺乏未来竞争能力的根本原因。

二是大学、科研机构技术供给与企业技术需求不匹配。目前企业与高校、科研机构之间没有建立有效的沟通机制，没有实现真正的融合，大学、科研机构的研究方向与企业发展需求无法形成有效的衔接与合作。由于国内的机器人产业还不具备获得良好经济收益的条件，所以机器人领域的研究人员几乎不愿意接受企业邀请，到企业中支持机器人产业的发展。以部分大学和研究机构为例，当前研究方向主要是机器人认知与智能行为控制、人机交互与和谐共存的理论与技术等。而东北地区机器人产业重点发展则是焊接机器人、喷釉机器人等，科研机构的重点领域与机器人产业实际需求仍有较大差距。

三是地方政府急功近利带动产业跟风现象严重。目前，机器人产业发展过分强调弯道超车和技术领跑概念，同时存在着严重的跟风现象。国内地方政府乃至部分县级政府多以机器人产业作为地方支柱产业，建立机器人产业园区，吸引企业投资。很多企业盲目响应政府号召，急功近利，在机器人技术与产业发展基础不牢、缺少核心技术指标的引领情况下，仓促涉足机器人行业，导致部分企业及园区主要依靠进口零部件、国内组装然后推向市场的简单拼凑模

式，在低端产能上无序扩张，带来低水平恶性竞争，不仅没有为机器人产业发展做出贡献，还浪费了大量的资源，整个产业并没有实现真正的发展。

三、助力东北地区机器人产业更好发展的对策建议

一要"立实根"，重视基础研究与底层技术。夯实科技基础，围绕制约产业发展的关键基础件、关键材料与工艺、装备仪器、操作系统与核心软件等基础性技术，稳定支持一批国家大型企业和科研机构，建立持续攻关团队进行重点突破。凝聚一批从事基础性研究的学术队伍，集智攻关，重点解决发展中所存在的问题，突破发展限制。在企业内部或企业与高校联合建立研究所和研究院，促进共融共生，优势互补，利益共享机制的建立，推进大学、科研机构与企业的深度融合。

二要"建主根"，充分发挥东北地区特色优势。围绕东北地区航空航天、国防、高铁等优势行业，重点发展高端装备、智能生产线、关键元器件等产业，将资金和资源投射到重点产业的核心技术上，做到有所为有所不为。通过加快关键基础零部件及核心部件生产，逐步形成整机制造、零部件生产区、精密加工及产业创新中心的机器人产业链格局。政府应加大投入提供补贴，针对以上东北地区具有相对技术优势的部分行业及领域重点推广国产技术和产品，支持国家重大工程的实施，助力国内机器人产业的健康发展。

三要"去虚根"，提升产业配套水平。去除对国外高端装备依赖的虚根，切实改变现有成果建立在国外先进技术装备基础之上，高端装备高度依赖国外的现状。注重整合产业资源，加快机器人配套产业的发展，促进机器人产业核心技术指标的提升与完善，发展我国自主的机器人产业高端装备体系。同时还应当解决目前机器人生产过程中零部件供应难的问题，壮大一批专注细分领域的单项冠军企业，顺应互联网时代变革趋势，支持机器人企业开放式双创平台，促进形成大中小微企业分工协作的产业生态体系，实现相互借力、共同生存。避免过分强调弯道超车、技术领跑、颠覆性创新等概念。

四要"广联根"，走好国际化联合发展的道路。自主创新不等于闭关自守，

在机器人产业发展过程中应当开放系统，要加强技术研发、标准制定、成果转化、检测认证、人才培养、资格互认等方面的国际交流与协同合作，充分释放互补优势和协同效应，共同促进产业的发展。加强与俄罗斯、乌克兰在相关领域的科技交流，建立机器人产业国际科技联盟，推进国家"一带一路"倡议的落实。借鉴深圳市产业发展经验，强化"深圳—哈尔滨"战略联盟，在机器人产业发展中探索"技术先行，后产业跟进"的道路。

课题组成员：邓宗全　任福君　陈　光　施云燕　迟　浩　王寅秋

加快推动我国区块链技术
和产业创新发展的意见建议

2019 年 10 月 24 日，习近平总书记主持中共中央政治局第十八次集体学习时强调，"区块链技术的集成应用在新的技术革新和产业变革中起着重要作用。我们要把区块链作为核心技术自主创新的重要突破口，明确主攻方向，加大投入力度，着力攻克一批关键核心技术，加快推动区块链技术和产业创新发展"。应有关部门要求，中国科协组织专业力量对加快推动我国区块链技术和产业创新发展相关问题进行了梳理研究，形成如下报告。

一、目前我国加强区块链基础研究、推动关键核心技术突破、抢占创新制高点的现状、困难及对策建议

（一）现状

从世界范围看，区块链核心技术和行业话语权主要被美国、日本及欧洲一些发达国家掌握，我国在基础研究、关键技术、体系结构、应用研究等方面总体相对落后，在联盟链等个别领域呈现并跑、领跑态势。

1. 基础研究

根据清华大学（计算机系）—中国工程院中国工程科技知识中心《2018区块链基础理论与研究概况》等资料显示，我国在区块链基础研究方面积累总体不足，顶尖的代表性学者相对偏少，和世界先进水平仍有较大差距。通常认为，密码学、共识协议、博弈论等是支撑区块链技术不断发展的基础理论，为区块链技术持续进步提供了坚实保障。我国的密码算法和国际先进水平基本一

致，密码技术水平处于世界前列，涌现出了王小云等具有世界影响力的密码学专家。我国的整体密码体系已全体系纳入 ISO 国际标准，2019 年 10 月 26 日，第十三届全国人民代表大会常务委员会第十四次会议通过《中华人民共和国密码法》，该法于 2020 年 1 月 1 日起实行，有望为促进密码事业发展，维护网络与信息安全，推动区块链技术进步提供更好保障。在共识协议、博弈论等研究方面，我国差距较大，缺乏具有世界影响力的代表性学者，尚未做出具有世界先进水平的一流成果，区块链的核心创新大多是追随模仿。

2. 关键核心技术

区块链作为一项新兴技术，在全球仍处于发展早期阶段，单点技术和系统性的突破，都还有待时日。尽管从区块链技术专利申请数量，我国区块链发展水平处于全球第一梯队。2019 年上半年全球区块链专利申请数量，中国占比达 67%，美国仅占 16%。但在专利涉及的区块链底层基础技术和核心技术开发质量方面，我国仍处于相对落后位置。一般认为，区块链技术体系可粗略分为基础设施层、通用和行业协议层、应用层。基础设施层主要包括三大底层平台，即比特币、以太坊和超级账本，核心开发贡献者均来自国外一线互联网技术公司或技术组织。以三大底层平台为基础建立的区块链项目成为很多区块链底层行业技术基础。通用和行业协议层关键技术主要被开发出分布式金融协议、分布式证券协议等重要协议的 10 余家国外公司掌握，这些公司有望在市场上成长为领先的区块链平台公司。在应用层方面，国内以联盟链技术开发为主，国外以公有链技术开发为主。在一些新兴技术领域，诸如智能合约、跨链、授权管理等关键核心技术，国内外均处于探索阶段。

3. 创新制高点

截至目前，我国在某些区块链应用领域已经产生了较大影响，涌现出一些先行案例。中国人民银行对法定数字货币的研究已经历时多年，成为全球较早推出数字货币的央行之一。在解决数据可控共享问题、打造共生应用平台，建设共建、共管、共治模式及国际化对接工作等方面实现突破。

目前，在电子票据和区块链应用的结合方面，我国出现了不同程度上的试点。深圳市成为全国区块链电子发票首个试点城市，区块链电子发票被应用在深圳市的金融保险、零售商超、酒店餐饮、停车服务等行业。福建、浙江等省将区块链技术融入医疗票据电子化，试点推行线上医保平台，实现医疗电子票据的可追溯、实时查看、防篡改、防造假。

在区块链的司法应用中，杭州互联网法院启动全球首个异步审理模式，并发布相关规则。北京互联网法院构建主动存证与跨链接入相结合的"天平链"电子证据存证平台，着力解决电子证据存证、上链证据在线勘验问题。广州互联网法院基于第五代通信技术（5G）与区块链等技术构建智能法院平台，全面实现庭审智能化，解决电子证据调取难、鉴真难的问题。

（二）困难

1. 高端科技人才严重匮乏

我国科技发展人才队伍总量庞大，但区块链技术和产业发展中世界级科技领军人才和团队严重缺乏，在人才质量、结构、分布等方面也存在一定问题。根据国研智库报告，2017 年以来，随着区块链技术从概念到物联网、金融、供应链等实际应用场景的落地，区块链领域人才需求也出现了大幅增长，但真正具备区块链开发和相关技能的人才稀缺，约占人才总需求量的 7%。目前对于区块链的人才缺口还没有专门的数据统计，根据需求发展趋势来看，人才缺口会更大。

2. 区块链相关基础理论和技术研发较为薄弱

区块链不是一种全新的技术发明，而是对现有技术资源的创新性整合和应用。区块链核心技术主要由分布式技术、非对称加密技术、哈希系统、脚本技术等四个存在 30 多年的技术巧妙地综合在一起而成。这四个技术的发源地都是美国，在区块链出现之前，已经在产业实践中广泛应用，并且都获得了图灵奖。我国计算机领域目前还没有一位图灵奖获得者，原创技术与美国有较大差距，开展区块链基础研究和关键核心技术攻关先天基础相对薄弱，仍有很长的路要走。

3. 鼓励支持基础研究、原始创新的体制机制仍不健全

区块链技术研发和产业应用的竞争，实质上是基础学科实力的比拼。我国

对区块链基础研究相关领域，如应用数学、可靠性理论、安全协议等投入不足，科技部、教育部等尚未发布专项支持，一定程度上影响到区块链基础研究和技术研发。我国鼓励原始创新的学术氛围还不够浓厚，存在个别的浮夸和急功近利现象，自主创新意识不强，学术评价体系和导向机制不完善，仍待改进。

（三）建议

1. 加大区块链人才培养、引进力度

加快建立涵盖科学家、工程师、高技能人才等多层次全方位的区块链人才培养体系，试点建设区块链人才培养基地，部署实施系列区块链人才培养培训项目。在部分高等院校试点设立区块链培养方向，建立区块链课程体系，重视与金融、法律、网络安全等专业形成交叉学院、交叉学科，对本科生、研究生进行规模化和体系化的培养。鼓励高等院校、研究机构、企业、社会组织等加强全球化交流和合作，以更开放的视野、更优越的条件、更灵活的机制广纳人才。

2. 加大科学研究（基础研究＋应用研究）投入

加大中央财政对区块链科学研究投入和国产自主可控技术的研发投入，重点鼓励共识、密码、分布式通信与存储等领域的基础研究，大力推动关联区块链技术的跨学科共性基础研究与交叉学科应用研究，力争尽快在性能、扩展性、隐私、安全、监管等多个维度实现突破。鼓励地方和企业等加大对区块链应用技术研究和基础设施建设投入，为区块链大规模、高质量落地应用提供坚实的经费保障。

3. 建设国家区块链技术创新中心

依托现有科技部国家技术创新中心，建设国家区块链技术创新中心。探索产学研深度融合新模式，完善区块链创新生态体系。国家区块链技术创新中心要减少管理层级，改革管理模式，与国家层面负责机构直接建立契约型关系。国家区块链技术创新中心应定位为非营利机构，以为区块链科技概念商业化开发应用提供公共技术服务为主要职能，明确区别于高校、科研院所基础研发和企业。

二、关于加强我国区块链标准化研究，提升国际话语权和规则制定权的思考与建议

（一）现状

1. 国际现状

区块链处于从概念验证向小规模应用探索转变的阶段，国际标准化组织（ISO）、电气和电子工程师协会（IEEE）、国际电信联盟（ITU）等国际组织正通过标准化工作推动区块链技术的全球共识和规范化发展。2016 年 9 月，ISO 成立了区块链和分布式记账技术委员会（ISO/TC 307），旨在推动区块链和分布式记账技术领域的国际标准制定等工作。截至 2018 年 10 月，ISO/TC 307 已成立了 4 个工作组（基础工作组，安全、隐私和身份认证工作组，智能合约及其应用工作组，治理工作组），2 个研究组（用例研究组，互操作研究组）以及 1 个联合工作组（区块链和分布式记账技术与 IT 安全技术组）。据"互联脉搏网"统计，截至 2018 年 11 月，ISO/TC 307 已立项术语、参考架构、分类和本体等 11 项国际标准项目，电气与电子工程学会（IEEE）立项国际标准项目 13 项，国际电信联盟第十六研究组（ITU-T/SG 16）立项国际标准项目 7 项。

我国中国电子技术标准化研究院作为 ISO/TC 307 国内技术对口单位，主导和参与参考架构（Reference Architecture）基础性国际标准的制定工作，为我国夺得了国际区块链标准化制定的一定国家话语权和先发优势，也为相关企业参与区块链领域的国际竞争奠定了重要基础。

2. 国内现状

我国区块链领域的国家标准、行业标准还处于早期发展阶段，区块链标准化工作的开展采用"急用先行、成熟先上"的原则，优先开展参考架构等基础标准的研制，随着区块链技术的发展不断完善，逐步形成一套健全的、可兼容的通用型标准。《中国区块链技术和应用发布白皮书（2016）》提出我国区块链标准化体系框架，将区块链标准分为基础、业务和应用、过程和方法、可信和

互操作、信息安全 5 类，并初步明确 21 个标准化重点方向。

目前，我国标准化组织大力推动区块链标准化工作，取得了一些初步成果。在国家标准方面，中国电子技术标准化研究院已立项《信息技术—区块链和分布式账本技术参考框架》，正处于征求意见稿阶段。在团体标准方面，据不完全统计，我国区块链团体标准已发布与处于研发阶段的共 40 余项。在地方标准方面，我国部分省（自治区、直辖市）的政府机构也陆续开展区块链地方标准化工作，据工业和信息化部电子第五研究所统计，广东省市场监督管理局立项地方标准 3 项，预计 2020 年 6 月发布。贵州省市场监督管理局立项地方标准 4 项，预计 2019 年 12 月底发布。

（二）问题

1. 区块链标准化需求迫切

区块链当前处于技术膨胀期，区块链应用的开放和部署缺乏标准化引导，更缺少安全性、可靠性和互操作性等评估方法，不利于区块链产业的发展。这需要通过开展标准化工作来促进各个国家、各个行业达成共识，为产业共有的挑战提出解决途径。

2. 制定区块链标准尚有不确定因素

多数区块链项目还处于概念形成或开发阶段，各研究领域发展程度不均衡，各行业应用还有待成熟，缺乏大规模应用的成功案例。国际和国内区块链领域的标准均处于培育期，大部分关键性标准处于研制阶段或尚未开始研制。由于目前国内区块链应用还存在一定误区，因此在标准制定过程中，可能导致行业风险。

3. 缺少区块链和标准制定的复合人才

区块链的标准化工作需要制定国际标准化人才培训规划，选拔精通区块链相关技术与标准化制定工作的复合人才，特别是对国内标准制定与国际标准化工作流程熟悉，且语言过关的专业人才。结合我国国情采用国际标准，开展区块链标准化对外合作与交流，参与制定区块链国际标准，推进中国区块链标准与国外标准之间的转化运用。

4.企业对标准工作支撑力度不大

区块链作为一种创新的应用模式，在创造价值的同时也带来了挑战。企业对技术核心理念和标准化认知不够、尚未达成共识，使得行业发展分散失衡，企业的专业技术能力和应用示范成果提交积极性不高，难以促进我国区块链国家标准制定，并作为国际标准进行提交。

（三）建议

1.设立标准扶持基金，推动企业积极参与

鼓励企业参与国内和国际标准制定，降低企业负担。建议国家设立标准扶持基金，调动相关领域行业企业积极性，鼓励有专业技术能力和应用示范潜力的企业参与到区块链标准化工作，提供示范应用及效果评估的验证反馈，推进区块链技术的标准化工作，促进我国实现区块链标准制定的前沿站位。

2.加强国际合作交流，大力推荐中国科学家到国际标准组织任职

我国区块链标准化工作要积极跟踪国际区块链标准化进展，加强国际标准化合作交流，大力推荐中国科学家到国际标准组织任职，争取参与并主导ISO、IEEE、国际电信联盟（ITU）等国际标准制定。同时，尽快形成与国际标准相匹配的国家标准，并推动我国优势技术和先行经验转化为国际标准，以获得国际话语权及规则制定权，促进我国区块链技术提升和相关产业发展。

3.优化国家标准立项及审批程序，缩短标准制定周期

在政府的引导下，积极建立区块链标准制修订全过程信息公开和共享平台，优化区块链标准立项和审批程序，缩短标准制定周期，开展区块链标准实施效果评价，加快落实《深化标准化工作改革方案》，不断提高我国标准立项的权威性和标准审批的及时性。

三、目前我国区块链产业发展现状、面临的突出制约因素及对策建议

（一）发展现状

1.我国区块链产业正处于起步阶段，但发展迅速

区块链产业是我国各界高度关注的热点产业，正处于高速发展阶段，创业者和资本不断涌入，企业数量快速增加，产业规模不断扩大。据 PAData 联合企业信息查询工具"企查查"对中国区块链公司（不包含港澳台地区）进行的全面盘点，目前我国注册公司中，经营业务涉及区块链概念的已达 30688 家。据中国电子学会统计，2017 年全球和我国区块链产业规模分别为 52 亿美元、21 亿美元，2018 年分别为 78 亿美元、29 亿美元，预计 2019 年全球和我国产业规模将分别达到 120 亿美元左右、42 亿美元左右，从 2013 年至 2019 年的年均增长率分别超过 60%、65%。据国际数据公司（IDC）相关研究，2018 年中国区块链市场支出达 1.65 亿美元，预计这一强劲增长态势将在未来三年延续。

我国区块链产业链条初步建立，数百家以区块链为主营业务的企业涵盖了产业链上游的硬件制造、平台服务、安全服务，产业链下游的产业技术应用服务。从设备制造到产业应用，区块链产业链条脉络逐渐明晰。据有关统计，截至 2018 年 3 月底，区块链领域的行业应用类公司数量最多，近 200 家；区块链解决方案、底层平台、区块链媒体及社区领域的相关公司数量均在 40 家以上。

在区块链部分硬件领域，我国具有绝对优势，世界排名前三的区块链硬件设备厂商——北京比特大陆科技有限公司、杭州嘉楠耘智信息科技有限公司和浙江亿邦通信科技股份有限公司，均是我国公司。

2.我国区块链产业集聚效应明显，集中分布在京粤浙苏

国家互联网信息办公室《区块链信息服务管理规定》（2019 年 2 月 15 日起施行）组织开展备案审核工作，于 2019 年 3 月 30 日、10 月 18 日先后发布了

第一批、第二批共 506 个境内区块链信息服务名称及备案编号。共有来自全国 21 个省（自治区、直辖市）434 家机构（绝大部分是企业）的 506 项区块链信息服务在列。其中，北京市备案机构 126 家，备案服务 150 项；广东省备案机构 107 家，备案服务 119 项；浙江省备案机构 46 家，备案服务 59 项；江苏省备案机构 21 家，备案服务 26 项。4 地区总计备案机构 300 家，备案服务 354 项，占比均超过全国区块链信息服务备案机构和服务总数的 70%。

3. 国内互联网巨头企业积极涉足区块链产业，大力布局区块链业务

腾讯公司、阿里巴巴集团、百度公司等互联网巨头企业都非常重视区块链技术，大力布局开展区块链业务。腾讯公司基于 Trust SQL 核心技术，打造了企业级区块链基础服务平台，已经落地供应链金融、医疗、数字资产等多个场景。阿里巴巴集团 2016 年 8 月推出了防篡改区块链技术，以改善中国慈善行业的问责制。支付宝运营商蚂蚁金融和投资者达成协议，将获得的巨额股权融资用于研究区块链和技术创新。这些互联网巨头积极搭建区块链技术开发应用平台，充分发挥利用自身优势资源（如支付宝、微信全球领先的支付技术等），给我国区块链产业发展注入了强大动能，有助于我国在新一轮的区块链国际竞争中占据有利地位。

（二）制约因素

1. 区块链技术体系仍不成熟，基础设施建设相对滞后

我国区块链技术体系还处在成长阶段，存在着可扩展性不强、效率较低等问题，影响了区块链大规模商业化落地。同时，由于私钥加密、智能合约、分片、跨链、侧链等关键技术仍处于试验或试用阶段，还存在性能和可靠性等方面的漏洞。

区块链的基础设施建设及规模化应用还需较长时间。区块链的正常运行要涉及诸多同步优化和实时转化问题，在区块链上记录相关信息也需要多方即时确认。从目前情况来看，国家性的区块链体系架构建设仍需较长时间，超大容量的区块链存储系统暂时还难以实现。另外，区块链技术需要与其他技术匹配，研发时间长及投入成本高。

2. 行业监管尚处于起步研发阶段，监管技术手段有待突破

区块链的去中心化和去中介化特质使得行业监管更加困难，其技术特点决定了不能够被任何单一的个人或机构拥有和控制，即使从法律上确认区块链项目的运营者必须承担所有可预见损害的连带责任。目前，我国区块链技术和产业发展正处在探索实践阶段，发展速度极快，区块链监管已初见成效，但监管技术仍存在节点追踪与可视化、联盟链穿透式监管、公链主动发现与探测、以链治链的体系结构及标准制定等问题需要解决。

3. 行业应用推广难度较大，成熟的盈利模式相对缺乏

区块链行业应用推广总体形势虽然持续走好，但时由于区块链技术涉及多方实体数据互联互通，需协调多方机构进行应用落地及推广，平台建设和协调难度较大，进而影响了落地推广。区块链作为降本增效的重要技术手段之一，各类应用场景目前仍处于试点实验阶段，具体应用效果还有待验证，企业成熟的盈利模式仍需探索。

（三）对策建议

1. 正确定位和充分发挥政府和市场作用，坚决遏制区块链"过热"态势

区块链技术竞争关乎产业发展的前途命运，政府与市场之间必须要合理分工，相对清晰界定政府和市场的边界。政府要充分发挥在推动区块链基础研究、行业共性技术供给、规范监管行业发展等方面的主导作用。市场也要充分发挥在推动应用技术创新、商业模式优化、国内国际市场开拓等方面的主导作用，有力激发企业等相关各方的积极性。

区块链的热度近几年长期居高不下，特别是习近平总书记在中共中央政治局第十八次集体学习时的重要讲话之后，社会各界对区块链的关注和重视更是急剧加大，已经一定程度上呈现"过热"态势。例如，通过"企查查"对所有区块链相关公司法定代表的统计分析，区块链相关公司中很大一部分只是在经营范围中泛泛提及区块链技术的开发或咨询服务，是公司众多经营业务中的一部分。在全国拥有区块链相关公司最多的 25 人中，每人都拥有 11 家以上相关公司。习近平总书记强调，"要把依法治网落实到区块链管理中，推动区块链

安全有序发展"，有关部门应坚决迅速采用有力举措，有效遏制区块链"过热"的不良态势。

2. 大力推动安全核心技术攻关，切实加强基础设施建设

加强区块链安全领域的研究。区块链技术尚有很多待改进的空间，各种隐私数据分布在不同机构中，在隐私保护上还需要进一步研究，实现数据"可用不可见"。建立国家性的区块链生态，探索和实践更多场景用例，思考生态系统模型用于促进人类命运共同体建设。将当前各种区块链功能层面开发进行整合，提供大平台支撑，降低企业运维难度，全面监测区块链系统的运行健康状态，为企业运行维护提供公共服务。

3. 加快健全法规政策体系，全面加强监管

从国家层面，加快制定颁布实施相关法律法规和配套政策，加强对区块链技术和产业发展的规划和引导。持续跟踪了解各地区块链技术产业发展情况，及时发现可复制可推广的成功经验。实施包容审慎监管，既包容试错又严禁越界，更好推动区块链创新发展。区块链技术与加密货币相伴而生，但区块链技术创新不等于炒作虚拟货币，需全面从严监管区块链炒作空气币等违法违规行为。

四、区块链推广应用带来的安全风险分析及对策建议

（一）安全风险

1. 技术安全风险

现有区块链应用多数仍处于研究和发展阶段，未来一段时期内，技术优化仍然是重要课题。区块链作为一种全新的计算机和网络技术的融合应用模式，在推广应用过程中存在密码学算法被攻破、数据隐私泄露、智能合约漏洞等安全风险。只有共识机制、智能合约、跨链等核心技术的不断创新演进、优化，区块链的适用范围才能得到不断拓展。此外，区块链是起源于实际应用的技术，长期以来以产业界的投入为主，高校、研究机构的参与程度总体不高，

基础理论研究工作如何跟上产业发展的步伐，将是未来一段时期内的发展重点之一。

2. 应用安全风险

区块链虽然被达沃斯世界经济论坛列入"第四次工业革命"的技术范围，并被誉为能产生颠覆性革命的技术之一，但区块链主要应用于对账、清结算和存证等金融场景，尚未有通用的评价标准和体系，对其技术性能和效率、可扩展性、安全性等问题进行详细规范。《中华人民共和国网络安全法》第二十一条和第三十一条规定，公共通信和信息服务、能源、交通、水利、金融、公共服务、电子政务等重要行业和领域应遵循网络安全等级保护制度。但目前区块链技术在身份鉴别、访问控制、数据保密性、资源控制、个人信息的保护等方面仍不能满足现实应用需求。

3. 监管安全风险

区块链作为一种新兴的底层技术，在系统稳定性、应用安全性、业务模式等方面尚未成熟，现阶段其用途和效果被夸大，有泡沫化的倾向。将区块链具有的去中心化、防篡改、建立信任共识等特点作为项目卖点，夸大宣传、概念炒作，以首次币发行（ICO）及其变种吸引投资者的现象层出不穷。区块链的去中心化等技术特征与现有中心化法律监管方式的矛盾是亟待解决的问题，监管的缺失使投资者常常承受难以弥补的损失，制定区块链监管的实施细则，保障相应应用的安全已经迫在眉睫。

（二）对策建议

1. 集聚产学研等多方资源，促进联合创新

加强区块链行业技术风险防范，集聚产学研等多方资源，支持高校和科研院所建设区块链创新实验室和研究中心，提升区块链技术持续创新能力。加大资金投入力度，支持区块链、软件和信息技术服务互联网企业和研究机构的联合创新，共同建立区块链技术验证环境，推动区块链技术安全验证工作，加快推进非对称密码技术、共识算法、分布式计算与存储等核心技术的创新演进，降低区块链技术应用落地难度，促进技术的产业化。

2.加快推进区块链安全等级评估标准编制，开展第三方机构测评

规范区块链行业的健康发展，加强现有应用场景的规范性，推进安全等级评估标准编制，针对已有行业细分领域制定应用标准，提升区块链技术安全性的科学、有效评估。加强信息安全和测试测评类标准研制，开展基于区块链技术的应用认证体系的第三方机构测评服务，指导基于区块链技术提供服务的实施，为区块链系统测评和选型提供依据。

3.实施区块链一体化顶层设计，加强安全监管

区块链行业的监管需要经过不断的探索和验证，政府相关主管部门应结合我国区块链技术和应用发展情况，做好区块链发展的顶层设计和总体规划，明确区块链应用的法律属性，建立完善的区块链应用监管协调机制，防范和化解重大风险，尤其是非法集资带来的金融风险。同时，要加强区块链的知识普及宣传引导，帮助人们正确认识区块链。

课题组成员： 赵立新　张　丽　赵正国　徐　丹　钟红静　李　琦　朱　岩
偶瑞军　李美桂　孙　琳　杨　胜

人工智能领域发展现状及展望

近十年来，在算法、硬件和应用场景等领域全方位发展下，人工智能发展正在全面渗透各个行业。习近平总书记在贺信、会议、讲话中多次提及人工智能的前沿发展态势、潜在契机优势、未来布局趋势等问题，学界也对人工智能发展及其可能引发的技术、经济和社会问题开展了广泛讨论。本文通过梳理当前我国人工智能领域发展情况及国际态势，并从推进科技经济融合的角度剖析人工智能对社会发展的愿景展望，供有关人员决策参考。

人工智能（Artificial Intelligence，AI）是研究、开发用于模拟、延伸和扩展人的智能的理论、方法、技术及应用系统的一门新的技术科学，是对人的意识、思维信息过程的模拟。在自然语言处理、知识表现、推理规划、机器学习、类脑研究等领域有着广泛的应用，涉及多学科的综合集成。

人工智能的发展经历了3个阶段：1945—2005年被称为AI 1.0时代，人工智能基础理论和基础学科建立，形成了人工智能的方法论及学派；2006—2016年被称为AI 2.0时代，人工智能的发展从学术界走向应用，从军用走向民用；2017年开始进入AI 3.0时代，人工智能由能存会算的计算智能到能听会说和能看会认的感知智能，再到能理解和会思考的认知智能发展。其兴衰呈现出"利好技术引入—资本跟进投入—技术产品化失败—技术逐渐成熟—独角兽行业出现"的特征。

人工智能的强项在于记忆能力和计算能力，虽然深度学习为人工智能带来了一定的进步，但在"能思维、能推理，甚至表现出某种创造力"方面尚没有任何技术层面能达到。目前的人工智能仍然是工具层面的创新，仍停留在"让机器感知和理解人类"阶段，因此社会各界在人工智能发展和社会影响等方面存在不同看法和争议。应清醒看到目前人工智能在现实应用中还存在诸多技术瓶颈和局限性，树立理性务实的发展理念。

一、学术界对人工智能的看法

人工智能出现以来，"替代论"和"增强论"的争论就未曾停止，以谷歌公司、特斯拉公司为代表的"替代"阵营，他们推出的技术大都是用 AI 去模仿人最终替代人；以苹果公司、阿里巴巴集团为代表的"协作"阵营，他们的技术侧重于让机器做人做不了的事，形成人与机器的"协作"关系。

（一）替代论观点

替代论认为人工智能引发的更严重的问题就是失业，基于当前技术的发展与合理推测，在未来 15 年内，随着越来越多的细分领域使用机器来完成各种任务，50% 的工作将被人工智能取代，而诸如翻译、记者、助理、保安、司机、销售、客服、交易员、会计、保姆，这些职业中 90% 的从业者将会被机器人取代。

霍金认为成功创造人工智能将成为人类文明史上最重大的事件。除了各种好处，人工智能还将带来危险，包括强大的自动化武器，或者帮助少数人欺压普通大众的方法。这将对我们的经济造成巨大破坏。人工智能未来还将发展出自己的意志——这种意志将与人类的意志产生冲突。

美国著名应用数学家、控制论的创始人诺伯特·维纳曾对自动化的一种可能性提出警示："我们可以谦逊地在机器的帮助下过上好日子，也可以傲慢地死去。"

（二）增强论观点

增强论认为 AI 时代简单重复性的工种可能被替代，这会倒逼人类角色向诸如监控人工智能表现、引导过程管控、分析信息等方向转变；考虑利用好 AI 新技术的赋能，增强人类，创造更大的价值。

彻底忽视人工智能的危险是不明智的，但从技术角度讲，把威胁列为首要担忧的思维模式恐怕并非上策，我们有责任意识到这些恐惧，并提供不同的视角和解决方案。我们应对人工智能的未来保持乐观，它可以促使人类和机器共同为我们创造更好的生活。

人工智能时代，无论是从企业到国家，还是从个人到社会，都具有面临重大改变的必然性，即"不连续性"或"断层"。在这个意义上讲，人工智能的发展对人类进步的影响也是颠覆式的。

二、我国人工智能发展现状

（一）学术和技术产出情况

论文产出方面，中国人工智能论文总量和高被引论文数量均为世界第一。我国在该领域论文数量全球占比从 1997 年 4.3% 增长至 2017 年的 27.7%，遥遥领先其他国家。高校是人工智能论文产出的绝对主力，在全球论文产出百强机构中，87 家为高校。进一步看，中国的高被引论文呈现出快速增长趋势，并且在 2013 年超过美国成为世界第一。

专利申请方面，我国专利数量略微领先美国和日本。中国已经成为全球人工智能专利布局最多的国家，数量略微领先于美国和日本，三者占全球总体专利公开数量的 74%。全球专利申请主要集中在语音识别、图像识别、机器人和机器学习等细分领域。中国人工智能专利持有数量前 30 名的机构中，科研院所及高校与企业相比，技术发明数量分别占比 52% 和 48%。我国发展的主要技术领域集中在数据处理系统、数字信息传输等方面。

虽然全球人工智能算法的论文约有 40% 是来自我国，新的技术落地通常会比美国快，而且创业能力也在不断地增强。但我国人工智能整体发展水平与发达国家相比仍存在差距，缺少重大原创成果，在基础理论、核心算法及关键设备、高端芯片、重大产品与系统、广泛应用的软件与接口等方面差距较大；科研机构和企业尚未形成具有国际影响力的生态圈和产业链，缺乏系统的超前研发布局；人工智能尖端人才远远不能满足需求；适应人工智能发展的基础设施、政策法规、标准体系亟待完善。

（二）人才投入情况

我国人工智能人才总量世界第二，但杰出人才比例偏低。截至 2017 年，中国人工智能人才拥有量达到 1.8 万人，占世界总量的 8.9%，仅次于美国（13.9%）。科研院所和高校是人工智能人才的主要载体，中国科学院系统和清华大学成为全球国际人工智能人才投入量最大的机构。然而，按高 H 因子（h-factor）衡量的中国杰出人才只有不到 1000 人，不及美国的五分之一，排名世界第六。企业人才投入量相对较少，高强度人才投入的企业集中在美国，中国仅有华为公司一家企业进入全球前 20。

（三）产业发展情况

市场规模方面，中国人工智能市场增长迅速，特别是计算机视觉细分领域市场规模最大。2017 年，中国人工智能市场规模达到 237 亿元，同比增长 67%。计算机视觉、语音、自然语言处理市场规模分别占 34.9%、24.8% 和 21%，但软件算法和硬件的市场规模合计占比不到 20%。市场普遍预计，2018 年中国人工智能市场增速将达到 75%。

企业规模方面，中国人工智能企业数量全球第二，北京是全球人工智能企业最集中的城市。中国人工智能企业数量从 2012 年开始迅速增长，截至 2018 年 6 月，中国人工智能企业数量已超过 1000 家，居世界第二，但与美国 2000 余家的数量差距还非常明显。中国人工智能企业高度集中在北京市、上海市和广东省等地。在全球人工智能企业最多的 20 个城市中，北京市以近 400 家企业数量位列全球第一。此外，上海市、深圳市和杭州市也名列其中。中国人工智能企业应用技术分布主要集中在语音、视觉和自然语言处理这三个方向，而基础硬件企业数量占比较少。

（四）行业投融资情况

风险投资方面，中国已成为全球人工智能投融资规模最大的国家。据统计，从 2013 年到 2018 年 3 月，中国人工智能领域的投融资金额占到全球的 60%，成为全球最"吸金"的国家。但从投融资笔数来看，美国仍是人工智能领域创投最为活跃的国家。从国内情况来看，北京的融资金额和融资笔数均大幅领先其他地区。自 2014 年起，国内人工智能投融资项目中早期投资项目占比呈下降趋势，投融资活动日趋理性，但 A 轮融资依旧占主导地位。

（五）国际竞争格局

美国和中国是当前全球人工智能领域的领导者，拥有全球大多数规模较大、资金较充足的人工智能公司。中国政府投资人工智能的蓝图，计划到 2030 年打造出 1500 亿美元规模的人工智能产业，成为全球人工智能的领导者；与中国不同的是美国的大多数人工智能创新都是由私营部门推动的，主要是大型企业和创业公司，并拥有众多全球杰出的人工智能科研机构、人才和技术人员。

除美国和中国，许多国家在人工智能竞赛中也占有一席之地，例如日本在机器人技术领域，韩国在汽车、电子和半导体行业及工业机器人技术领域，法国在健康、交通（如无人驾驶汽车）、环境和国防 / 安全领域，德国在自动驾驶汽车、机器人和量子计算领域，俄罗斯在自主军事系统控制及武器生命周期的信息支持领域，英国在人工智能的未来监管措施方面均表现突出。

三、人工智能与经济融合展望

当前，全球正在经历产学研高度耦合、部分前沿颠覆性技术与社会经济行业深度融合的新一轮变革。大数据的形成、理论算法的革新、计算能力的提升、网络设施的演进及智能化硬件的迭代，促进技术不断获得突破性进展，驱动人工智能与社会经济融合进入新一轮创新发展高峰期。

（一）人工智能与实体经济的深度融合

人工智能深度融合实体经济是当前中国重要的经济战略。新一代人工智能体现了当代先进科技生产力，人工智能技术渗透于生产力各要素中，综合作用于生产劳动过程。中国人工智能技术和产业发展为人工智能融合实体经济创造了客观条件，实体经济转型升级和现代化经济体系建设急需人工智能技术应用，人工智能深度融合实体经济，实体经济智能化乃客观必然。其运行机制为，人工智能技术应用于实体经济，促进实体经济技术进步，带动产业升级和经济转型，从而促进经济常态化增长。

人工智能深度融合实体经济，一方面在于人工智能技术升级实体经济，包括开发智能农业、制造业智能化升级、智能产业支撑体系和基础设施智能化建设、服务业和文化教育产业智能化；另一方面在于人工智能产业创新实体经济，包括人工智能产业链相关行业创新、工业机器人和服务机器人产业创新、物联网与智能商业模式创新。

人工智能产业本身是实体经济的组成部分，人工智能技术应用也主要面向实体经济。制造、物流、家居、医疗、安防、交通、零售等领域"智能+"新技术、新模式不断涌现，推动智能制造、智慧物流、智能安防等应用升级，显著提升经济发展、公共服务智能化水平。培育壮大新一代人工智能产业，以市场需求为牵引，促进技术产业化，积极发展智能网联汽车、智能机器人、智能家居产品等，打造具有国际竞争力的产业集群。深化智能制造，鼓励人工智能技术在制造领域各环节探索应用，建设智能工厂，发展智能装备，促进制造业数字化、网络化、智能化发展。提升传统产业智能化水平，深化人工智能在农业、商贸、物流等领域集成应用与融合创新，推动传统产业提质增效，促进实体经济装备智能、结构优化、产业转型和质量提升。

（二）人工智能开启数字经济新时代

中国特色社会主义进入了新时代，以"数字经济"为代表的创新性新兴产业以融合的方式推动产业转型，加速产业升级，成为经济发展新动能。当前正是工业革命和信息革命叠加的时代，而这两个革命的交叉点正是人工智能。人工智能正成为工业革命和信息革命的驱动力，将开启数字经济新时代。数字技术与行业应用价值不断释放，以人工智能、大数据为代表的新技术不断应用于工业、金融、物流、商贸、能源、教育、农业等行业，其作用不断凸显。

发展数字经济已经成为全球主要大国和地区重塑全球竞争力的共同选择，目前全球 22% 的 GDP 与涵盖技能和资本的数字经济紧密相关，中国的数字经济占 GDP 比重达三成。以互联网为代表的新一轮科技和产业革命形成势头，人工智能等新兴技术成为全球创新的新高地，二者共同助推数字经济发展，进而培育形成新动能，因此未来一段时期要进一步营造数字经济新生态，加快培养新一代信息技术人才，推动从消费型数字经济向关键产品导向型数字经济转变，从单纯注重技术、政策和资本向更加注重数字经济生态转变，从简单依靠人口红利驱动向更有效地释放人才红利转变，从立足国内人才资源向统筹国内、国际两种人才资源转变，推动我国经济高质量发展。

（三）人工智能对社会的影响

人工智能将对生产力和产业结构产生革命性影响，促进社会生产力的提升，有效提升全要素生产率增长，推动传统产业升级换代。具体而言，一是人工智能拓展并延伸信息技术及其相关产业链条，人工智能所引领的智能化大发展也带动各相关产业链发展，从而打开上下游就业市场，超级计算、传感网、人工智能相关硬件和芯片制造等行业正在扩张，而工作机会也随之增加。二是人工智能推动教育领域的创新变革，加快人工智能在教育领域的创新应用，利用智能技术支撑人才培养模式的创新、教学方法的改革、教育治理能力的提升，构建智能化、网络化、个性化、终身化的教育体系。三是人工智能开创人类文化生活新时代，以人工智能为代表的现代科技正在向文化产业领域渗透，加快发展以文化创意内容为核心，依托数字技术进行创作、生产、传播和服务的数字文化产业，培育形成文化产业发展新亮点。四是人工智能提升公共安全保障能力，建设安全便捷的智能社会，发展高效智能服务，提高社会治理智能化水平，利用人工智能提升公共安全保障能力，促进社会交往的共享互信。五是人工智能促进医疗健康产业智慧化。大量高质量的个人医疗健康数据将成为人工智能具有判断力的基础，采用人工智能技术通过对医疗资源再分配，将医生从繁重工作压力中解放出来，并帮助他们减少误诊率，提高准确率，甚至探索提出并改进诊疗方案或研发出新型有效药物。六是人工智能加速军事智能化变革，人工智能对军队发展战略、装备体系、组织形态、作战理论等各个方面产生广泛而全面的影响，为指挥决策、军事推演、国防装备等提供强有力的支撑，发展人工智能武器有可能会带来人类军事史上第三次战争革命。

从另一个角度而言，人工智能将对就业格局产生重要冲击，旧工作被机器取代的同时，新工作类型也会被创造出来。这种就业结构的变化要求劳动力市场随之变化。在就业格局变化的同时，收入格局也会显著变化。人工智能的快速发展有可能拉大贫富差距，高度自动化的技术将主要影响那些技术水平要求较低、工资较低的工作，自动化将进一步向这类群体施压，拉大贫富差距。同时，人工智能的伦理争议不断，面临隐私与安全隐患、算法偏差和机器歧视等问题，虚拟环境"麻醉"亟待思考，人机情感危机愈来愈近。总之，我们要正视上述由人工智能引发的经济、社会新问题，提前做好应对预案。

课题组成员：陈 锐 赵 宇 孙贻滋 董 阳 曹学伟